# イチからつくる
# サステナビリティ
# 部門

元システム
エンジニア
の挑戦

本田健司

著

日経BP

## はじめに

2014年春、野村総合研究所（NRI）の総務部に在籍していた私は突然、上司の総務部長に呼ばれた。総務部長は少し慌てているように見えた。話を聞くと、企業価値向上担当の取締役から環境関連の活動の話を聞きたいと言われたとのこと。その時の私は、取締役がどうして環境関連のことを知りたいのかと疑問に思った。

私は、環境関連の仕事をしたことがなく、ビル周辺のボランティア清掃とか、夏場に温度を28℃に設定して省エネにすることぐらいしかイメージがなかった。恐らく、総務部長もその程度の認識しかなかったので、慌てたのだろう。

### 経験なしの私がサステナビリティ担当者に

取締役は3日後に話を聞きたいとのことだった。総務部長は取締役とのミーティングまでに会社の環境活動について説明する資料を作るよう私に指示した。

しかし、環境関連の担当でもなく、その活動内容も知らなかった私は、「環境の仕事をしたことのない私に随分、無茶を言いますね」と私は少し口答えをした。

すると、総務部長は「なら、君が総務部長だったら、誰に頼むつもりか」と切り返してきた。

私は「そうですね。担当課長はオフィス移転の関係で忙しいですし、環境担当のメンバーは役員に説明した経験も少なそうです

し、暇な私に頼みますかね」と答えた。

　すると、総務部長は「なんだ、分かっているじゃないか。御託を並べる前に取り掛かってくれ」と言い放った。

　実は、総務部長と、こんな掛け合い漫才のようになるのは少し理由がある。私が20代の時に、鬼軍曹のような上司がいた。この総務部長と私は、鬼軍曹上司の下で一緒に働いたことがあった。私は、いつも鬼軍曹の無茶ぶりに耐えていた。そんな状況を総務部長も、横目で見ていたので、私に多少、無茶ぶりしても大丈夫と思っていたのだろう。私も、それを分かった上で、受ける前提で口答えをしているところもあった。

　私は総務部に来る前までは、ずっとシステム開発の仕事をしていて、この話が来た時は、総務部に異動して、まだ1年もたっていない頃だった。

　総務部は、ある意味、企業の何でも屋だ。どの部署で処理したらよいか分からないような業務は、総務部に飛び込んでくる。私も、総務部長から度々、突発的に仕事を頼まれることがあった。そのため、ある程度の無茶ぶりは慣れていたし、いつものように少し頑張れば短期間で終わると思っていた。また、突発事態に備えるため、少し余裕をもって仕事をしているところもあった。

　3日後、私は総務部長と一緒に取締役の部屋にいた。環境担当のメンバーや担当課長にヒアリングをして、環境関連の活動をまとめた資料を作り、取締役に説明した。私が説明すると、取締役は既に状況は分かっているという感じで、すぐに企業として環境問題に対応する組織横断的な環境推進委員会を作ることを総務部

長に指示した。

　そして、総務部のオフィスに戻る途中で、総務部長は私に環境推進委員会の立ち上げを指示した。これがきっかけで、私はサステナビリティ担当となり、様々な課題に対応することになっていった。

## 短期間で「DJSI World」の選定銘柄に

　21年の今、14年の頃とは異なり、「サステナビリティ」「ESG」「SDGs」といった言葉が、新聞やテレビのニュースで毎日のように飛び交うようになった。今や、企業としてサステナビリティへの対応は不可欠な時代となりつつある。しかし、企業にとって新たな業務で、この分野の専門家が多いとも思えない。つまり、企業としてサステナビリティ推進部門を作ったとしても、既存の社員を割り当てることになるだろう。

　総務部長と私のように掛け合い漫才のようにならないとしても、突然、私のようにサステナビリティ担当を任される人も多いだろう。

　私は、何から手を付けていいか分からないところから始まったが、7年間を経過した今、NRIは、ESG株式指数として有名な「DJSI World」の銘柄に3年連続で選定され、環境格付け機関「CDP」の気候変動対策の調査で最高位のAリストに2年連続で選定されるなど、サステナビリティで進んでいる企業とも言われるようになった。

　国内では、03年頃からCSR推進室というような名前でサステ

ナビリティ部門を設置する企業が増えた。しかし、ここ数年、その役割は大きく変わってきている。以前のサステナビリティ部門は、企業における社会貢献活動を支援するのが大きな役割であった。しかし、今は、機関投資家や経営にも関わる重要な部門になりつつある。長年、国内でサステナビリティ部門に勤めた人が、このような新しい業務にすぐに対応できるわけでもない。そのような状況から、どのように対処していいか悩んでいる企業も多いのではないだろうか。

　既にサステナビリティへの対応が進んでいる欧米では、サステナビリティ部門を1つの本部にしている企業もあり、その仕事は多岐にわたる。国内でも、味の素、オムロン、花王、キリンホールディングス、コニカミノルタ、不二製油本社グループ、丸井グループなど、海外の先進企業さながらの活動を実践する企業が増えてきている。欧米の食品メーカーや消費財メーカーなどは、サステナビリティ経営を中核におき、グローバルに事業展開して業績に結びつけている。そのような企業と競合にある国内企業では危機感からサステナビリティへの対応がいち早く、進んでいるのだろう。

　しかし、グローバルな競争下に置かれていない企業では、世界でどのような変化が起きているか実感できず、目の前の状況にどう対応していいか分からないのではないだろうか。

　NRIは、キリンホールディングスや花王のような先進企業には及ばないが、5～6年という短期間で今のレベルに達した点では、数少ない会社であると思っている。

## 新規事業立ち上げの経験が生きる

　NRIをコンサルティング企業と思っている方は多いと思うが、実はコンサルティング事業の売り上げは全体の1割程度しかなく、9割はITサービスを提供しているIT企業である。証券会社の多くにITサービスを提供していたり、セブン-イレブンのシステムを開発したりしている。私も入社以来、ずっとシステム開発に携わってきた。

　NRIはサステナビリティ関連のコンサルティングもしているから、簡単にできたのだろうと思われる方も多いかもしれない。しかし、コンサルタントも社内の仕事だからと言って無償でしてくれるわけではない。多少、情報交換などはできたとしても、コンサルティング部門を持たない他の企業のサステナビリティ部門の方々と私の立場はそんなに違いはない。

　私の仕事のやり方はエンジニア時代と変わっていない。問題点を明確にして、原因を突き止め、計画的に改善して、結果を分析することを繰り返すだけである。

　少し、普通のエンジニアと違うのは、多くの新規事業の立ち上げに関わってきたことだろう。古くは香港で日系企業向けに新サービスを創り、20年ほど前にはEコマース企業の立ち上げに参画、10年ほど前には社内ベンチャー企業の立ち上げの中心メンバーにもなった。

　新規事業では数多くの未知の問題が立ちはだかる。エンジニアの仕事とは程遠いものも多い。このサステナビリティの仕事も常

に未知の問題が発生する。そこに、これまで通り真摯に向き合った姿勢が良かったのかもしれない。また、短期間で成果を出すことにこだわったことも良かったかもしれない。サステナビリティの仕事は意外にお金がかかる。私がこの仕事を始めた7年前と比べ予算は大幅に増えた。恐らく、成果を出さなければ予算は増えなかったと思う。また、予算の使い方も大きく変えた。

　社内ベンチャー企業の時は、小規模でも短期間で成果を出してアピールすることが重要であると気付くのが遅れた。また、限られた予算の中で、いかに効率的に成果を出すかということに常に頭を使っていた。サステナビリティの仕事は長期的視点での活動が重要だが、サステナビリティ担当者は、短期的に成果を出して、その重要性を会社にアピールする必要があると思う。

## サステナビリティ活動で早く成果を出すために

　私は、企業のサステナビリティ担当者として対応に悩む方々に読んでいただこうと日経BPが発行する「日経ESG」に2019年10月号から毎月、「元システムエンジニアがTCFDに挑む」と題して、これまでのサステナビリティ担当者としての奮闘を綴っている。本書は、主にその内容をまとめ、加筆したものである。

　また、サステナビリティ部門を作り、単に人を集めただけでは機能はしない。企業の経営者には、サステナビリティ部門を作るだけでなく、どのような機能を持つべきかを知っていただく必要がある。また、サステナビリティ活動を推進するために、企業のサステナビリティ担当者以外の社員の方々も、企業のサステナビ

リティ活動を理解する必要があるとも考えている。そのような
方々にも読んでいただきたい。

　私が行ってきたことは、主に上場企業などの大企業のサステナ
ビリティ部門の仕事にはなるが、そのサプライチェーンを構成す
る中小企業にも影響を与えるものである。そのような中小企業の
経営者にもサステナビリティ活動とは何かをお伝えしたい。

　そのため、本書はサステナビリティに関する知識が全くない人
でも理解できるよう、前半に「サステナビリティの基礎知識」と
いう章を設けている。サステナビリティ部門を取り巻く世界的な
状況がどのようになっているかを、この章で認識していただけれ
ばと思っている。既にサステナビリティ部門に従事していて、こ
のようなことを認識されている方は、この章を読み飛ばしていた
だいて構わない。

　サステナビリティの仕事においては、企業が競い合うことより
も、多くの企業が情報を共有して活動を進め、社会全体がサステ
ナブルになっていくことが重要であると私は考えている。

　サステナビリティへの対応を進めたいと考えている企業が本書
を読んで、よりスピーディーに推進できるようになれば幸いであ
る。


2021年春
野村総合研究所 サステナビリティ推進室長
本田健司

CONTENTS

はじめに ———————————————————— 002

## 第1章 ESGの基礎知識 ———————— 015

**(1) ESGとは** ———————————————————— 016
社会貢献のその先へ／事業活動と社会価値を一致させる

**(2) サステナビリティ経営の広がり** ———————————— 023

**(3) 環境問題ではずせないポイント** ————————————— 028
この10年間で地球の未来は決まる／温室効果ガスとは／温室効果ガスの
影響と気候変動／ホットハウス・アース／TCFDとは／温室効果ガスの定
義／生物多様性（Biodiversity）／森林破壊（Deforestation）／バーチャ
ルウォーター／海洋問題とプラスチック

**(4) 人権問題ではずせないポイント** ————————————— 050
人権の定義／ビジネスにおける人権／現代奴隷／ダイバーシティ＆インク
ルージョン（Diversity& Inclusion）

**(5) 拡大するESG投資** ————————————————— 060
ESG問題に対する機関投資家の動き／企業と投資家、評価機関の関係／
ESG投資家の受託者責任／ユニバーサルオーナーシップ

## 第2章 サステナビリティ部門の業務 —071

**(1) 事業戦略策定や情報開示など幅広く実施** ——————— 072
ネガティブインパクトの抑止が優先事項／ESG情報の開示で透明性を高
める

**(2) 事業戦略に関わる業務** ————————————————— 078
国際的なイニシアチブに参加／パーパス（企業の存在意義）の登場

10

(3) 情報開示・エンゲージメント対応業務 —————————— 084
ESGデータブック制作が大仕事／ステークホルダーとの対話

(4) 環境関連業務 —————————————————————— 088
温室効果ガス削減目標を設定する／環境関連業務の柱になるEMS／環境データは第三者保証が重要

(5) 人権など社会関連業務 ——————————————————— 094
現代奴隷法への対応が急務に

(6) ガバナンス関連業務 ———————————————————— 098
「ギャップ分析報告書」を活用

(7) サステナビリティ社員教育 ————————————————— 100
Eラーニングは馴染みやすく

(8) 社会貢献活動支援 ————————————————————— 102
学生に仕事の体験を提供

(9) 情報収集 ——————————————————————————— 105
NPOの会合で海外専門家と交流

# 第3章 サステナビリティ推進室奮闘記 — 109

(1) サステナビリティ活動の始まり　外部評価分析が第一歩 —— 110

(2) グローバル標準の活動へ　投資家の評価を左右す ————— 116

(3) 初のCDP Aリストに　決め手はRE100とTCFD ————— 121

(4) EMSの導入　「実質」重視のシステムに ————————— 127

(5) 環境目標の設定　2030年度GHG排出量55%削減へ —— 132

(6) SBT認定までの長い道のり　Scope3の落とし穴 ———— 137

(7) SBT1.5℃目標への挑戦
　　 認定を取得、再エネの本格導入へ ———— 142

(8) 事業会社初のグリーボンド発行
　　 セカンドオピニオンの評価を上げる ———— 147

(9) DJSI World選定への挑戦　選択と集中、弱点分析で突破 —— 153

(10) マテリアリティの特定　社内・社外の視点で整理 ———— 158

(11) TCFD情報開示（1）シナリオ分析
　　 段階的に充実させることが肝要 ———— 163

(12) TCFD情報開示（2）財務的インパクトの開示
　　 ストーリーづくりが重要 ———— 168

(13) TCFD情報開示（3）収益部門の財務的インパクト
　　 まず小規模事業でモデル構築 ———— 172

(14) ESGデータブックの制作　アンケート対応の負担を大幅減 — 182

(15) エンゲージメント（1）投資家とのダイアログ
　　 欧州投資家との対話から学ぶ ———— 187

(16) エンゲージメント（2）ESG説明会
　　 社内と社外、双方に効果 ———— 192

(17) 社内サステナビリティ教育
　　 eラーニング活用、アニメで親しみ ———— 197

(18) フィランソロピー活動　学生小論文コンテストの改善 ——— 202

(19) SDGs対応への模索　WBCSDへの加盟 ———— 207

(20) 生物多様性対応　ユニークな保護活動に共鳴 ——— 212

(21) 海外視察　先進企業とのギャップを実感 ——— 217

(22) サプライチェーン・マネジメント
パートナー企業への周知が第一歩 ————————————— 226

(23) 企業のESG情報開示　株価のスタビライザー ————————— 231

# 第4章 サステナビリティ経営への ロードマップ ————————————— 239

(1) パーパスの導入・浸透 ————————————————— 240
「いい会社」とは？／ステークホルダー資本主義でのパーパス

(2) TCFDシナリオ分析の展開 ————————————————— 247

(3) 温室効果ガス排出量ゼロの実現 ————————————— 248
悩ましい再エネの調達／ファイナンスには再エネの"質"が問われる

(4) 環境マネジメントシステムの導入範囲の拡大 ——————— 254

(5) 人権対応 ————————————————————————— 255

(6) 情報開示の強化 ————————————————————— 257
非財務情報に関する顧客からの問い合わせ増加

(7) サプライチェーン・マネジメント ——————————————— 260

(8) 社員へのサステナビリティ教育 ——————————————— 261

# 第5章 ESG実務のための用語集 —— 263

CDP／DJSI ——————————————————————— 264

CSV／FTSE Russell ——————————————————— 265

13

GRI／IEA ———————————————————— 266

IIRC／IPCC ——————————————————— 267

LGBTQ＋／MSCI —————————————————— 268

PRI／RE100 ——————————————————— 269

ROESG／SASB ————————————————— 270

SBTi／SDGs ———————————————————— 271

TCFD／UNGC ———————————————————— 272

WBCSD／クローバック条項・マルス条項 ————————— 273

人権デューデリジェンス／生物多様性 ————————— 274

ダイバーシティ、エクイティ＆インクルージョン／特例子会社 ——— 275

トリプルボトムライン／パーパス ————————————— 276

パリ協定／ビジネスと人権に関する指導原則 ————— 277

マテリアリティ／ ———————————————————— 278


**参考文献** ————————————————————— 280

**おわりに** ————————————————————— 282

# 1

# ESGの
# 基礎知識

サステナビリティ部門の業務をどのように進めるのかを
具体的にお話しする前に、その前提になる「サステナビ
リティ」や「ESG（環境・社会・ガバナンス）」につい
て基礎的な事項を解説する。サステナビリティ部門で既
に仕事を経験されているような読者は、この章を読み飛
ばしていただいて構わない。

## (1)

# ESGとは

　「サステナビリティ」「ESG」「CSR」などの言葉を聞いたことがあっても、実際の意味を正しく理解し、その違いを説明するのは難しいのではないだろうか。

## 社会貢献のその先へ

　「サステナビリティ」は、一般に「持続可能性」と訳されるため、その意味を「企業の持続可能性」と捉えている人が多くいる。

■サステナビリティとは、CSRとは、ESGとは

~~企業~~の持続可能性　　　　　　　　　**地球や社会**の持続可能性

■CSR (Corporate Social Responsibility) とは？

企業の~~社会貢献~~　　　　　　　　　企業の**社会的責任**

■ESGとは？

Environment　環境
Social　　　　社会
Governance　ガバナンス

しかし、サステナビリティの本当の意味は、地球や社会の持続可能性を考えることである。地球の持続可能性という意味で、サステナビリティを環境保全という意味に捉えている人も多い。これも誤った考え方である。人が生きていく地球環境を持続可能するという意味では、紛争や犯罪、人権侵害なども減らしていくことが含まれる。

　次に、「CSR」を「社会貢献」と思われる方が多いが、「Corporate Social Responsibility」の略で「Responsibility」とは、貢献ではなく責任を意味する。つまり、CSRは企業の社会的責任を意味するものだ。

　また、Responsibilityは、ResponseとAbilityが語源であり「社会への対応力」であり、社会の要請に企業が対応することを意味しているという専門家もいる。

　続いて、ESGとは何かというと、Environment（環境）、Social（社会）、Governance（ガバナンス）の3つの言葉の頭文字を取ったものである。企業が持続的成長を目指す上で重視すべき3つの側面ESGに配慮していない企業は、投資家などから見て企業価値毀損のリスクを抱えているとみなされる。そのため、ESGに対応することは、長期的な成長を支える経営基盤の強化、ビジネスを展開する上での前提条件でもある。

　サステナビリティ、CSR、ESG、これらの言葉の意味は、社会に与える影響を考慮して企業活動を行うという意味では、基本的な考え方は共通している。

　サステナビリティの世界では、社会に与える影響を2種類に分

けて考える必要がある。

　1つは、社会に負の影響を与えない、つまりネガティブインパクトを抑止していこうという考え方、そしてもう1つは、社会にプラスの影響を与える、つまりポジティブインパクトを促進するという考え方である。

　ネガティブインパクトの抑止とは、「ハラスメントの防止」「過重労働の防止」「情報漏洩の防止」など経営・事業推進における社会からの要請に対応することである。簡単に言えば、社会に対して企業が悪いことをしないということである。

　最近では、この悪いこと、つまりネガティブインパクトの基準が変わってきており、人権の尊重やサプライチェーン上の社会・環境配慮などもビジネスをする上で考慮しなければいけない要素として捉えられるようになってきている。

　企業は、これらのネガティブインパクトをESGの観点で網羅的に抑止した上で、社会にプラスの影響（ポジティブインパクト）を与えていくことを考えていかなければならない。

　ポジティブインパクトには事業を通じて社会価値を創造する「共通価値の創造（CSV：Creating Shared Value）」や、寄付やボランティア活動などの社会貢献活動がある。

　しかし、企業がネガティブインパクトをある程度抑止できていないとポジティブインパクトの活動は社会に評価されない。簡単に言えば、社会に悪影響を与えている企業が良いことをしても何も評価されないということだ。

　このネガティブインパクトを抑止する活動は、ESGの3つの観

ESGの基礎知識　第 1 章

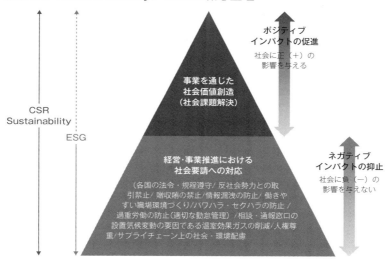

■CSR／Sustainability／ESGの概念整理

点全てで一定の水準が求められることから、ESG活動と称されることもある。

## 事業活動と社会価値を一致させる

ESGを構成するEnvironment（環境）、Social（社会）、Governance（ガバナンス）は、それぞれ以下のようなものが該当する。

環境には、気候変動への対策、水をはじめとする自然資源の維持、生物多様性の保全、エネルギー使用量の削減などが含まれる。

社会には、人権問題への対応を中心として、従業員の安全と健康への配慮、労働慣行の是正、人材開発・育成などが含まれる。

■ESGの全体像

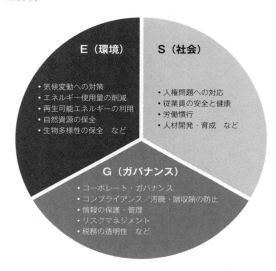

　ガバナンスには、コーポレートガバナンス、コンプライアンスや汚職・贈賄の防止リスクマネジメントなどが含まれる

　企業にとって、それぞれの分野で抱える課題にきちんと対応していくことが健全な企業の発展や成長の原動力となり、最終的には社会全体の持続可能な形成に役立つと考えられている。

　ポジティブインパクトの活動である事業を通じて社会価値を創造するCSVは、経済学者として有名なマイケル・ポーター教授らが、2011年に経済価値と社会価値を同時に創造するための新しい概念として提唱したものである。

　ポーター教授は、寄付を含むフィランソロピー（社会貢献活動）では、大きな社会価値や社会変革を起こすことができないという

問題意識からこの概念を提唱したと言われている。

CSVの分かりやすい事例として、LIXILの簡易式トイレ事業がある。

同社は、トイレなどを製造する日本の住宅設備機器メーカーである。簡易式トイレシステムを発展途上国中心に1台2ドルで販売し、地球上の4人に1人が安全で衛生的なトイレを利用できないと言われている環境の改善に貢献している。

当初、LIXILはビル＆メリンダ・ゲイツ財団の寄付により簡易式トイレを製造して無償で発展途上国の貧しい人々に提供していたが、寄付がなくなると提供が止まってしまうなどの問題があり、普及があまり進まなかった。そこで、現地のトイレの生産会社に

■**共通価値の創造（CSV）の事例：LIXILの簡易式トイレ事業**

■発展途上国に節水型簡易式トイレを現地企業を通して1台2ドルで販売
■世界の4人に1人が衛生的なトイレを利用できていない社会課題を解決

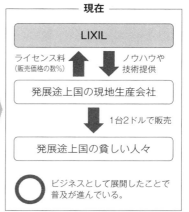

LIXILが持つノウハウや技術を提供し、簡易式トイレを1台2ドルという貧しい人々でも購入できる価格で販売して簡易式トイレを普及させることに成功している。LIXILもノウハウや技術の提供の見返りにライセンス料を徴収してビジネスとして成り立たせている。

　国内で高価なシャワー式トイレなどを提供しているLIXILとしては、1台2ドルの簡易式トイレの事業の売り上げや利益は大きなものではないだろう。しかし、事業としては成立している。

　また、長期的な視点で見れば、将来、簡易式トイレを販売した発展途上国が発展して、シャワー式のトイレの需要などが見込める。

　従来の企業経営では、経済価値の観点しかなく、このようなビジネスを成立させることはできなかったが、CSVという概念により社会価値を加えることによって、当初は小さな規模からスタートさせてもビジネスとして成立させることが可能になったと言えるだろう。CSVについて提唱者のマイケル・ポーター教授自らが、プレゼンテーション動画の「TED」で説明されている。よりCSVを知りたい方はご覧いただきたい。

＜CSV解説動画＞TED Talk
「なぜビジネスが社会問題の解決に役立ちうるのか」　マイケル・ポーター

https://www.ted.com/talks/michael_porter_why_business_can_be_good_at_solving_social_problems?language=ja

ESGの基礎知識　第 1 章

## (2)

# サステナビリティ経営の広がり

　企業に対して、サステナビリティ経営を求める動きが世界で出てきた背景には、まず気候変動問題を中心として世界レベルでの社会課題が深刻化したことがある。

　気候変動をはじめとして、貧困、人権侵害、水不足、生態系の破壊、急速な都市化による問題、食料不足など、世界では様々な

### ■サステナブル経営を求める世界の動き

国際的な枠組み・原則の整備・進展が急速に進んだことで、サステナビリティと経営の一体化に向けた企業取り組みが加速

23

問題が発生している。そのような状況の中で、環境や人権などについてのグローバルレベルでの危機意識が高まった。

さらに、その矛先は、企業に資金を提供する金融機関にも及び、資本市場に対する要請となって国際的な枠組みや原則がつくられるようになった。

国連の持続可能な開発目標（Sustainability Development Goals：SDGs）や気候変動枠組み条約のパリ協定などの国家間での合意なども、その流れを後押ししている。

また、共通価値の創造（CSV）という新たな経営論が、単に企業が寄付などの金銭によって社会問題を解決するのではなく、企業の事業そのもので社会課題を解決するという企業の在り方も変えることを求めている。

このような背景により、サステナビリティと経営の一体化への期待と関心が高まっている。

次ページのサステナビリティ年表は、1990年代から20年までのサステナビリティに大きく影響を与えた出来事を示したものである。

環境については、90年に気候変動に関する政府間パネル（IPCC）の第1次報告が公表され、翌92年に気候変動枠組み条約が締結された。97年に京都で開催された第3回気候変動枠組み条約締約国会議（COP3）では京都議定書が採択され、環境問題への意識が高まり、欧州では環境格付け機関Carbon Disclosure Project（CDP）が発足する。米国は京都議定書を拒否するなど、欧州に比べ環境対策への意識が遅れていたが、2005年に発生し

ESGの基礎知識　第 1 章

### ■サステナビリティ年表

| 年 | 全般 | 環境 | 社会（人権） | 国内 |
|---|---|---|---|---|
| 2004年以前 | 1999年 DJSI開発<br>2000年 国連MDGs採択<br>**2000年 国連グローバルコンパクト発足** | 1990年 IPCC第1次報告<br>1992年 気候変動枠組条約<br>1997年 COP3京都議定書<br>2000年 CDP発足 | 1997年 ナイキショック（サプライチェーンの児童労働等） | 2003年 CSR元年（企業の多くで社会貢献活動を開始） |
| 2005年 | | ハリケーン・カトリーナ | | |
| 2006年 | **国連責任投資原則（PRI）** | | | |
| 2007年 | | IPCC 第4次評価報告 | | |
| 2008年 | | | ラギーレポート発表 | |
| 2009年 | | | | |
| 2010年 | スチュワードシップコード | COP16 カンクン合意 | ISO26000発行、アップル問題 | |
| 2011年 | **マイケルポーターCSV論文発表** | | **ビジネスと人権に関する指導原則** | |
| 2012年 | SASB設立、リオ＋10 ■ | | | |
| 2013年 | GRI-G4発行、IIRCフレームワーク | | | |
| 2014年 | | **IPCC 第5次評価報告書** | | 日本版スチュワードシップコード |
| 2015年 | **国連SDGs採択** ■ | **COP21 パリ協定採択、SBT** | | **GPIFがPRIに署名** |
| 2016年 | GRIスタンダード発行 | **FSBがTCFD設立** | **英国・現代奴隷法制定** | |
| 2017年 | | | | **GPIFがESG株式指数選定** |
| 2018年 | | **IPCC 1.5℃特別報告書** | | **GPIFが環境株式指数選定** |
| 2019年 | | SBT改定 | 豪州・現代奴隷法制定 | |
| 2020年 | | 日本が国別行動計画（NAP）発表 | | 政府が2050年温暖化ガス排出量をゼロを表明 |

　たハリケーン・カトリーナにより、ニューオリンズなどに甚大な被害が発生して、企業や国民の中では、気候変動問題への意識は高まっていった。

　14年に公表されたIPCCの第5次評価報告書により、気候変動の要因が人為的な温室効果ガスの排出によるものであることが揺るぎのないものになり、翌15年にパリで開催されたCOP21ではパリ協定が採択された。気候変動問題について世界の経済への影響を危惧した金融安定理事会（FSB）が、翌16年に気候関連財

25

務情報開示タスクフォース（TCFD）を立ち上げた。さらに、COP21から依頼を受けたIPCCが、18年に1.5℃特別報告書を発表して、産業革命以前からの温度上昇を2℃未満に抑える場合と1.5℃未満に抑える場合で経済的な影響に大きな差が出ることを示した。その結果を受けて、世界は1.5℃未満に抑えることを目指して活動してきている。

　社会については、1997年に発生したナイキショックなど、90年代後半から、企業のサプライチェーン上で発生する人権問題が注目されるようになった。このような状況の中、国連のアナン事務総長からの依頼を受けて、ジョン・ラギー教授が企業と人権に関する枠組みづくりに関する報告書「ラギーレポート」を2006年に発表した。このラギーレポートに基づいて、11年に「国連ビジネスと人権に関する指導原則」が策定され、この原則に従って、政府や企業の人権対応が大きく動き出した。

　サステナビリティ全般の動きとしては、00年に国連グローバルコンパクトが発足、06年に国連のアナン事務総長の主導で国連責任投資原則（PRI）が発足する。PRIは原則でもあるのだが組織体でもある。このPRIが資本市場にサステナビリティを浸透させる大きな力となっている。11年には経済学者のマイケル・ポーター教授らがCSVを提唱、欧米企業を中心に、サステナビリティが事業戦略の中に取り込まれていった。

　そして、国連は、00年にニューヨークで開催した国連ミレニアム・サミットで採択したミレニアム開発目標（Millennium Development Goals: MDGs）の後継として、12年に開催され

ESGの基礎知識　第 1 章

た地球サミット「リオ＋20」での議論を経て、15年の国連サミットで「持続可能な開発のためのアジェンダ2030」を採択した。SDGsは、それに記載された30年までに持続可能でよりよい世界を目指す国際目標である。

　国内では、03年頃から企業にCSR部門などが設置され、多くの企業がフィランソロピー（社会貢献活動）に取り組んだ。03年は国内の「CSR元年」とも呼ばれている。

　国内でESG、サステナビリティが意識され始めたのは、15年に年金積立金管理運用独立行政法人（GPIF）がPRIに署名してからではないかと思う。特に、GPIFが17年に「FTSE Blossom Japan Index」「MSCI ジャパン ESG セレクト・リーダーズ指数」「MSCI 日本株女性活躍指数」の3つのESG株式指数を選定したことにより、ESG投資が企業で意識されるようになった。

27

**(3)**

# 環境問題ではずせないポイント

　18年8月、スウェーデンに住む高校生の環境活動家グレタ・トゥーンベリ氏が始めた気候変動に対する政府の無策に抗議するために行った金曜日の学校ストライキは「Fridays For Future」という若者中心のグローバルな活動に発展した。19年10月に行われた国連の気候行動サミットでの彼女の演説も注目を集めた。日本では大人を強く非難する彼女の言葉が注目されたが、彼女の訴えは気候変動に関する政府間パネル（IPCC）や科学者が発表した科学的根拠に基づいている。

　例えば、温室効果ガス（GHG）排出量をこれから10年で半分に減らしたとしても地球の平均気温の上昇を1.5℃に抑える目標を達成する可能性は50％しかなく、気温上昇が1.5℃を超えると取り戻しのつかない連鎖反応が起こり、制御不能になる。また、地球の平均気温上昇を1.5℃以内に抑えるには、このままのペースでいくとあと数年以内に温室効果ガス排出量の上限に到達してしまうことなどである。

　つまり、彼女は、科学者の見解を根拠に、このまま大人たちが行動を変えなければ、取り返しがつかない状況になり、自分たちの未来が失われると訴えている。

ESGの基礎知識　第 1 章

# この10年間で地球の未来は決まる

　日経ビジネスの2020年12月28日、2021年1月4日合併号に三菱ケミカルホールディングス会長の小林喜光氏が書かれた「賢人の警鐘」に下のようなことが書かれてあった。

　新型コロナの影響によって、世界の温室効果ガス排出量は8%削減された。しかし「1.5℃目標」の達成には、これを10年繰り返さなければならないという表現は、その大変さを伝える上で分かりやすい言葉だ。特に、日本を代表する企業の会長が語ることで、問題の深刻さを多くの人に伝えることができるのではないかと思う。小林会長の冒頭の「あまり伝わっていない気がするので何度も言うことにしている」という言葉も、この問題の深刻さをどのように伝えれば分かってもらえるのだろうと悩んでいる私も共感する。

## カーボンニュートラル。何とかなるという発想では絶対に何ともならない

　あまり伝わっていない気がするので何度も言うことにしている。2020年、世界経済に大ブレーキがかかった。人・モノの移動が制限され、世界はマイナス成長に陥った。片やこの状況下で減った温暖化ガスは国際エネルギー機関（IEA）推計で年7～8%。これだけのリセッションでもたった8%だ。
　折しも菅義偉首相は「2050年、カーボン・ニュートラル」を打ち出した。パリ協定の「1.5度目標」の達成には、30年まで毎年8%の削減が必要だ。今回程度のリセッションを10年繰り返してやっと到達できるレベル。この現実を政治も企業も個人もどれだけ理解しているだろう。産業構造も私たちの生活も、一変するほどの革命的な取り組みがなければ解決できない難題だ。何とかなるという発想では、絶対に何ともならない。まずこの出発点にたたなければならない。

日経ビジネス2020年12月28日、2021年1月4日合併号掲載
「賢人の警鐘」（三菱ケミカルホールディング会長 小林喜光氏）より抜粋

29

国連環境計画（UNEP）は19年11月、地球の気温上昇を産業革命の頃から1.5℃以内に抑えるには、温室効果ガスの排出量を20年から30年の間に前年比で年7.6％減らす必要があるとの報告書を公表している。

　また、UNEPは20年12月、新型コロナウイルスの感染拡大により20年の世界の温室効果ガス排出量は減るが、地球温暖化を抑える効果はほぼないとの報告書を公表した。その中で新型コロナの影響で発電量が減ったり、産業活動が低迷したりして今年の温室効果ガス排出量は前年比7％減ると推測している。

　21年から30年までの10年で地球の将来が決まるとも言われている。それは、世界の科学者らが警告している「ホットハウス・アース（温室化した地球）」状態になるかならないかで将来の地球が大きく変わっていくからだ。

　地球の温暖化が、ティッピングポイント（転換点）と言われる閾値を超えると、危険な温室状態が永続する「ホットハウス」状態に突入する。その場合、人類が温室効果ガスの排出を止めたとしても、気温の上昇は止まらなくなる。そして、30年までに温室効果ガス排出量を半減しなければホットハウス状態になる可能性も高いと考えられている。

ESGの基礎知識　第 1 章

## 温室効果ガスとは

　温室効果ガス排出量を減らすと言ったときに、温室効果ガスは二酸化炭素（$CO_2$）だけだと思っている人も多いのではないだろうか。

　$CO_2$、メタン、一酸化二窒素、ハイドロフルオロカーボン類、パーフルオロカーボン類、六フッ化硫黄、三フッ化窒素の7つが、削減すべき温室効果ガスと考えられている。

　メタンの温室効果は$CO_2$の25倍もあると言われている。現時点では、$CO_2$に比べれば、大気中の絶対量が少ないので問題になっていないが、将来、大きな問題になると言われている。

　シベリアなどに1年を通して氷が溶けない永久凍土があるが、地球温暖化によって融解してしまうと、永久凍土に含まれるメタンが放出され、地球の温室効果が一気に加速して、戻らなくなってしまう可能性がある。これが、グレタ氏が訴えている「気温上

### ■温室効果ガスの種類

| 温室効果ガス | 化学式 | 温室効果 |
| --- | --- | --- |
| 二酸化炭素 | $CO_2$ | |
| メタン | $CH_4$ | 二酸化炭素の25倍 |
| 一酸化二窒素 | $N_2O$ | 二酸化炭素の298倍 |
| ハイドロフルオロカーボン類（代替フロン） | HFCs | 二酸化炭素の1,430倍など |
| パーフルオロカーボン類 | PFCs | 二酸化炭素の7,390倍など |
| 六フッ化硫黄 | $SF_6$ | 二酸化炭素の約22,800倍 |
| 三フッ化窒素 | $NF_3$ | 二酸化炭素の約17,200倍 |

出所：環境省　民間企業の気候変動適用ガイド　https://www.env.go.jp/earth/sankoushiryou.pdf

昇が1.5℃を超えると取り戻しのつかない連鎖反応が起こり、制御不能になること」の1つの要因である。

メタンは、牛や豚などの家畜の排せつ物からも排出される。特に牛は、主食の草を消化するために、胃の中に嫌気性細菌を宿していて草を分解する過程でメタンを発生させ、ゲップとして排出する。また、牛は小麦やとうもろこし、大豆などの穀物も消費する。ブラジルでは、大豆の多くは家畜の飼料として使われており、大豆生産のために大量の低木地や熱帯雨林が農園となり、$CO_2$を吸収してくれる低木地や熱帯雨林が破壊されている。

家畜の種類により飼育に必要な飼料は異なる。牛肉1kgを生産するには大豆が20kg必要になる。豚肉1kgには大豆7.3kg、鶏肉1kgには大豆4.5kgが必要になると言われている。つまり、タンパク質成分の大豆を使って、同じタンパク質成分の食肉を少なく生産してしまうという非効率が発生している。特に牛肉は非効率である。そのため、動物性のタンパク質を摂らないビーガン（完全菜食主義者）になる人が増えている。

一酸化二窒素は、窒素が主成分である化学肥料などを過度に散布した場合などで発生する。温室効果は$CO_2$の298倍もあると言われている。

ハイドロフルオロカーボン類とは、冷蔵庫やエアコンに冷媒として使われていたフロンガスの代替として使われるようになったガスであり、代替フロンと呼ばれている。フロンは、オゾン層を破壊することが問題となり、代替フロンに切り替えが進められたが、皮肉なことにその代替フロンが温室効果ガスであることが分

かった。温室効果は$CO_2$の1430倍と言われている。

パーフルオロカーボン類は、半導体のエッチングガスなどに使用されている。温室効果は$CO_2$の7390倍である。

六フッ化硫黄は透過電子顕微鏡の電子銃部で高電圧絶縁用に使用されている化学物質である。温室効果は、$CO_2$の2万2800倍もあり、温室効果が最も高い。

三フッ化窒素は、半導体の製造プロセスなどに使用される。温室効果は、$CO_2$の1万7200倍である。

## 温室効果ガスの影響と気候変動

温室効果ガスによる気温上昇によって、どのような問題が起こるのだろうか。

北極や南極の氷が解けて海水面が上昇して太平洋の島々が沈むという問題はあるが、それだけではない。その多くは気候変動問題である。代表的なものは台風の大型化である。台風は海水温が26度以上で勢力を増すとされている。近年は、海水温が高くなっているため、赤道近くで発生した台風が日本に接近する際に巨大化することが増えている。また、従来よりも日本に近いところでも台風が発生しやすくなるため、台風の数も増えると言われている。

19年10月、台風19号が日本に多くの被害をもたらしたことは記憶に新しいところだが、今後も、このような強力な台風が発生する可能性は高い。

また、地球の温暖化により、台風だけでなく、世界各地で豪雨

や干ばつ、寒波も増えると言われている。オーストラリアやカルフォルニアで発生している山火事なども気候変動によるものと考えられている。

温室効果ガス観測技術衛星「いぶき」（GOSAT：ゴーサット）は、環境省、国立環境研究所（NIES）、宇宙航空研究開発機構（JAXA）が共同で開発した世界初の温室効果ガス観測専用の衛星であり、2009年1月23日の打ち上げ以降、観測を続けている。

いぶきの観測によると、09年における地球の平均$CO_2$濃度は385ppmだったが15年には400ppm近くになり、20年には410ppmを超えていることが分かった。

$CO_2$濃度が高くなるにつれ、気候変動問題も深刻化しつつある。世界では当初、「地球温暖化（Global warming）」という言葉が使われていたが、次第に「気候変動（Climate change）」という言葉に変わり、さらに近年はその深刻さから「気候危機（Climate crisis）」という言葉に変わりつつある。

地球の気温上昇を2℃未満に抑えるためには、地球で排出される累積$CO_2$量を2900Gtに抑える必要があると言われている。これをカーボンバジェット（炭素予算）という。

既に15年の段階で累積$CO_2$量は2002Gtに達していると言われており、気温上昇を2℃未満に抑えるためには、15年以降の排出量を残りの898Gt以内に抑えなければならない。この排出可能な残りの$CO_2$排出量を残余カーボンバジェットと言う。

現状だと、50年には残余カーボンバジェットの898Gt以上を排出して2900Gtを超えてしまうだろうと言われている。つまり、

カーボンバジェットを考えた場合、地球上にある化石燃料は、これ以上燃やすことができなくなる。そのことから、石油や石炭の化石燃料は、もう使うことができない「座礁資産」と呼ばれている。そして、ESG投資を推進する機関投資家が、座礁資産を大量に所有する企業から投資を撤退する「ダイベストメント」を進めている。

　IPCCの1.5℃特別報告書では、1.5℃に抑えるための残余カーボンバジェットは、18年1月時点で最も少ない見積もりでは約420Gtと報告されている。

## ホットハウス・アース

　独ポツダム気候影響研究所、コペンハーゲン大学、ストックホルム・レジリエンス・センター、オーストラリア国立大学の科学者らが発表した研究報告書によると「ホットハウス・アース（温室化した地球)」状態に突入した気候の下では、世界の平均気温は、産業革命以前に比べて4~5℃上昇したところで安定化し、海面は現在よりも10～60m上昇する、と指摘している。

　報告書の執筆者らは、ティッピングポイントを超えた場合に急激な変化をもたらす10種類の自然システム（永久凍土の融解、海底からのメタン水和物の減少、陸上や海中での$CO_2$吸収量の減少、海中におけるバクテリアの増殖、アマゾン熱帯雨林や北方林の立枯れ、北半球の積雪の減少、北極圏・南極圏の海氷や極域氷床の減少）に着目している。温暖化が一段と進んだ世界では、これらの自然システムが今のように温室効果ガスを吸収する「人類

の友」である存在から、一転して無制限に温室効果ガスを排出する「人類の敵」になる可能性があると指摘している。

　気温の上昇がティッピングポイントを超えると、様々な自然システムが動き出し、温暖化が加速する。次ページの図は、連鎖を引き起こしかねない要素の一部と連鎖の例を示したもので、ティッピングポイントが低いもののスイッチが入り、それによって、さらに気温が上がると、ティッピングポイントの高いティッピング要素に連鎖していく、つまり、他のティッピング要素がドミノのように次々と活性化されていき、地球全体がさらに高温になっていく。

　この研究報告書では、パリ協定で求められている温室効果ガス排出量に抑えたとしても、温暖化を止めることができない可能性を示している。

　研究報告書の共同執筆者であり、元ストックホルム・レジリエンス・センター所長で、独ポツダム気候影響研究所共同所長のヨハン・ロックストローム博士が自らTED Talkでホットハウス・アースを説明している。よりホットハウス・アースを知りたい方はご覧いただきたい。

＜ホットハウス・アース解説動画＞TED Talk
「10 years to transform the future of humanity」ヨハン・ロックストーム

https://www.ted.com/talks/johan_rockstrom_10_years_to_transform_the_future_of_humanity_or_destabilize_the_

## ■ホットハウス・アース（Hothouse Earth）

planet#t-453569

＜ストックホルム・レジリエンス・センターの報告書＞

Planet at risk of heading towards "Hothouse Earth" state

https://www.stockholmresilience.org/research/research-news/2018-08-06-planet-at-risk-of-heading-towards-hothouse-earth-state.html

# TCFDとは

　気候変動による社会への影響が懸念される中、金融安定理事会が気候関連財務情報開示タスクフォース（TCFD）を立ち上げた。

　金融安定理事会とは、名前の通り、世界経済の安定のために組織された国際機関である。世界主要25カ国の財務省、金融規制当局、中央銀行総裁が参加メンバーとなっている。

　その金融安定理事会が、気候変動問題が世界経済に影響を与えることを危惧してつくったタスクフォースがTCFDである。気候変動問題は金融システムの安定性の問題でもあることを明示する動きだろう。TCFDでは、気候変動がもたらすリスクや機会を財務的に把握して、有価証券報告書など年次の主要な報告書で開示することを求めている。

　特に、企業が気候変動による将来的な影響を考えて、対策も含めて事業戦略に組み入れることを求めている。TCFD署名企業は、20年9月時点で、世界で1419機関にのぼり、うち日本が303機関で世界第1位となっている。

## 温室効果ガスの定義

　企業は、事業の中で温室効果ガスの排出を抑える活動をしていかなければならない。まず、事業活動からどのぐらいの温室効果ガスを排出しているかを開示することが求められる。

　温室効果ガス排出量の測り方は、GHGプロトコルで定義され

ている。GHGプロトコルは、1998年にWBCSD（持続可能な開発のための世界経済人会議）とWRI（世界資源研究所）が共同で設立したGHGプロトコルイニシアチブによって作られたものであり、温室効果ガス排出量の算定や基準が書かれてある。CDPなどの国際的な環境格付け機関などでは、GHGプロトコルに従って温室効果ガス排出量を各企業が算定して開示することを求めている。

　特に重要なのがスコープ1、スコープ2、スコープ3という温室効果ガスの排出量の定義（範囲）である。スコープ1は企業活動から直接的に排出される温室効果ガス、スコープ2は企業活動でエネルギー使用により間接的に排出される温室効果ガス、スコープ3は企業活動範囲外で間接的に排出される温室効果ガスと定義されているが、この定義だけだと分かりにくい。

　温室効果ガスの代表例である$CO_2$で説明する。

　まず、どこでエネルギーが消費されるかを考える。企業の事業所内、つまり社内で消費されるエネルギーなのか、それとも社外で消費されるエネルギーなのかで分ける。社外で消費されるエネルギーの場合はスコープ3になる。スコープ3の身近な例としては、社員の通勤や出張で使うバス、鉄道、飛行機が消費するエネルギーに伴う温室効果ガスの排出が挙げられる。製造業で言えば、製品に使う部品を調達する場合、その部品製造で消費されたエネルギーに伴う温室効果ガスの排出が含まれる。さらに、自動車メーカーの場合、販売された後に自動車が排出する温室効果ガスも対象になる。

■ **温室効果ガス（GHG）のスコープ1、2、3とは**

スコープ（Scope）1、2、3の定義（範囲）を理解するポイント
　①エネルギー消費場所の違い
　②燃焼の有無

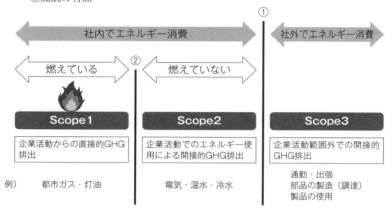

次に社内で消費されるエネルギーのうち、どこで燃えているかを考える。都市ガスや灯油を社内で使用した場合は、社内で燃えている。社内で電気を使用した場合は、社内では燃えていないが、火力発電所の電気を使っているならば、火力発電所で燃えていることになる。社内で燃えている場合がスコープ1、社外で燃えている場合がスコープ2となる。

　温室効果ガス排出量をスコープ1、2、3で分けることで、企業によって事業の特性が分かる。例えば一般的なサービス業なら、スコープ2がほとんどでスコープ1やスコープ3は少ない。サービス業の中でもデータセンターなどを所有するIT企業ならば、データセンターでの電気使用量が多くスコープ2の排出量が非常に

多くなる。ガソリンや軽油で動く自動車を製造する企業ならば、スコープ3の排出量が圧倒的に多くなる。そのパターンによって、どのような対応策が温室効果ガス排出量を削減する上で効果的なのかが見えてくる。

　例えばIT企業であれば、データセンターで使用する電気を抑える省エネルギー策や使用する電気を再生可能エネルギー由来のものに変えていくことが温室効果ガス排出量を削減するには効果的であり、自動車メーカーならば、製造する自動車を水素自動車や電気自動車などに変えていくことが効果的である。

## 生物多様性（Biodiversity）

　生物多様性とは、地球上には様々な生物種が存在し、1つの種の中にも遺伝的な多様性が存在し、また生物と非生物からなる生態系も多様であることをまとめた概念である。

　近年、絶滅危惧種の増加をはじめ、生物多様性が地球上の至る所で脅かされていることから、生物多様性の保全が国際的な課題となっている。

　2000～50年までに世界で失われる生物多様性の経済的損失は年間で世界のGDP（国民総生産）の合計の6％に当たると報告されている。

　特殊相対性理論で有名なアインシュタインが「もし、ミツバチが地球上から消えたら、人類はあと4年生きられないだろう」と語ったと言われている。明確な根拠を示されていないものの、生物多様性の重要性を示している言葉だろう。

ミツバチは、毎日せっせと花から蜜と花粉を集めて巣に持ち帰る。花粉は幼虫が育つために必要な栄養。しかし、巣に多くをためられないため毎日飛び回っている。また同時に、花から花へと飛び回ることで花粉を媒介、つまり受粉を助けている。こうして実った果実や種子が小動物の餌になり、その糞もまた多様な生物や植物の栄養となって生命のリレーが繰り返され生態系が形成されていく。まさに生物多様性の典型と言える。

## 森林破壊（Deforestation）

　森林は、気候変動の原因である$CO_2$を吸収してくれる。森林が破壊されると地球における$CO_2$の吸収力が低下することになる。特に熱帯雨林などの天然林は、異なる樹木や草木が層を成して生息しているため、人工林よりも炭素吸収量が多い。

　しかし、アマゾンや東南アジアの熱帯雨林は年々減少している。アマゾンでは、06年頃まで岩手県の大きさに匹敵する年間1万5000㎢もの森林が消失していた。その後、政府の規制強化や取締強化により消失面積が減ったが、近年、ブラジルでの政権交代により、消失面積が再び増えて19年には1万㎢の森林を消失した。

　熱帯雨林の破壊の要因は、主に大豆とパーム油の生産と違法伐採である。ブラジルでは大豆は主に牛の飼料に使われる。世界の肉食の需要の高まりに応じて、大豆の生産の需要も高まった。大豆畑を作るため、熱帯雨林が焼き払われる。植生が豊かな熱帯雨林は土壌の栄養素が豊富で、収穫の高い大豆畑を増やすには、熱帯雨林の焼却はコストがかからない手っ取り早い手段となってし

まう。

　一方、東南アジアの熱帯雨林の破壊は、パーム油の生産が主な原因となっている。パーム油はアブラヤシの果実から得られる植物油であり、カップ麺、お菓子、パンなどの加工食品や、化粧品・パーソナルケア用品、洗剤、医薬品などの消費生活用製品からバイオ燃料に至るまで幅広く利用されている。

　パーム油の生産は、インドネシアとマレーシアの2カ国だけで、世界の生産量の8割以上を占める。パーム油の世界的な需要拡大に伴い、東南アジアでは、多くの熱帯雨林が焼き払われアブラヤシ畑に変わっている。インドネシアのスマトラ島では、1985年から2016年にかけて天然林の56％が失われた。さらにパーム油の生産現場は「現代奴隷」の温床とも言われており、環境問題だけでなく、人権問題も多く抱えている。

　パーム油に関しては、生産時に森林破壊や人権侵害が発生していないことを証明するRSPO（持続可能なパーム油のための円卓会議）認証という国際認証が普及している。

　木材や紙の生産を目的とした森林伐採は、アマゾンや東南アジアでも続いている。炭素吸収能力が高い天然林を保護するには、森林伐採を禁止することが重要だ。

　しかし、日本の森林は、少し状況が異なる。戦後、日本政府は、住宅建設に必要な木材を大量に確保するため、日本中の森林を杉の人工林に変える政策を推進した。そのため、現在、日本の森林面積の4割近くが人工林であり、そのうち約半分が杉林となっている。

この政策により、日本人の多くが花粉症の悩みを抱えることになるが、問題はそれだけではない。一度、人工林にしてしまうと、天然林と異なり、人手によるメンテナンスが必要になる。不必要な枝を切り落として間引きをし、一本一本の杉の木を育てていかなければ、痩せ細った杉の木ばかりになり、根が土壌に十分に張らずに土砂崩れなどが起きやすくなる。

　しかし、日本の杉林は、東南アジアなどからの安価な輸入木材に圧され、多くの杉林は放置されている。海外の熱帯雨林とは異なり、むしろ、日本では杉などを使っていくことが重要なのである。

　木材消費については、ただ使わないことがよいのではなく、人工林からのものの場合は、むしろ使った方がよい。しかし、木材が天然林から産出したものか人工林から産出したものか、見た目では判別はできない。そのため、認証制度が重要となってくる。木材の認証制度としては、FSC（森林管理協議会）認証やPEFC（森林認証プログラム）認証がある。NRIグループで取り扱われているコピー用紙は既にFSC認証を取得したものとなっている。

## バーチャルウォーター

　将来の世界の人口増などを見据えてグローバルな水不足が懸念されている。水道が完備されて、人口も減少している日本では、水問題は発生しないと思いがちではあるが、バーチャルウォーターという意味では問題がある。

　バーチャルウォーターは、食料を輸入している国（消費国）に

おいて、もしその輸入食料を生産するとしたら、どの程度の水が必要かを推定したものである。

世界では年間4000k㎥の水が取水されているが、そのうち農業用水が約70％と圧倒的に多く、工業用水約19％、生活用水約12％となっている。

世界には、バーチャルウォーターが大幅マイナスになっている国が12カ国ある。それは、日本、韓国、イギリス、ドイツ、イタリア、ベルギー、オランダ、スペイン、メキシコ、アルジェリア、サウジアラビア、イエメンである。とりわけ、日本は、輸入量としては世界最大となっている。日本のバーチャルウォーターの主な輸入元は、牛肉、小麦、大豆を輸入しているアメリカ、オーストラリア、カナダの3カ国であり、輸入量の7割を占めている。

ちなみに、1kgのトウモロコシを生産するには、灌漑用水として1800リットルの水が必要と言われている。また、牛はこうした穀物を大量に食して育つため、牛肉1kgを生産するには、その約2万倍もの水が必要になる。つまり、日本は海外から食料を輸入することによって、その生産に必要な分だけ自国の水を使わないで済んでいる。言い換えれば、食料の輸入は、形を変えて水を輸入していることと考えることができる。

世界での水不足は、日本国内においても食糧不足につながる可能性が高い。

## 海洋問題とプラスチック

　気候変動の影響を受けて、穀物生産量の減少が予想されている。また、食肉も飼料生産が難しくなり、生産量は減少していくと考えられている。そのような中、魚介類でのタンパク質確保は重要となる。

　しかし、最近のサンマの不漁などのニュースでも分かるように、国内の漁獲量は減少している。これは日本だけではなく、同様に漁業が盛んな中国、韓国、台湾、フィリピン、ペルー、カナダ、アイスランドでも2015年から17年の3年間は漁獲量が減少している。

　世界全体の水揚量は、1995年にピークを迎え、そこからは、ほぼ横ばいで推移している。日本食ブームなどにより世界的な魚介類の需要が高まる中で、供給が年々困難になってきている。

　世界の漁業は、資源管理の面で、かなり厳しい状況にある。乱獲に該当する魚介類の種は、1975年に10％しかなかったのが、2015年は30％までに増加した。漁獲量に十分余裕のある魚介類も1975年は40％もあったが、2015年に10％を下回った。つまり、90％の魚介類が乱獲もしくは乱獲ぎりぎりの状態にある。

　魚介類においても、MSC（海洋管理協議会）認証とASC（水産養殖管理協議会）認証という2つのサステナビリティ認証がある。MSC認証は、漁業の認証制度で漁獲魚種の資源量や漁法、漁業の管理体制などがチェックされる。ASC認証は、養殖の認証制度で病原体管理、飼料、周辺の生態系や人間環境への影響な

ESGの基礎知識　第1章

## ■サステナブルな原材料に関する認証制度

| 種類 | パーム油認証 | 森林認証 | | | 水産物認証 | |
|---|---|---|---|---|---|---|
| 認証名 | RSPO認証 | FSC認証 | PEFC認証 | RA認証 | MSC認証 | ASC認証 |
| 認証マーク | RSPO-1106041 | FSC www.fsc.org FSC* C003610 責任ある森林管理のマーク | PEFC PEFC/31-31-21 持続可能な森林管理の推進 www.pefc.asia.org | | 海のエコラベル 特別可能な漁業で獲られた水産物 MSC認証 www.msc.org/jp | 責任ある養殖により生産された水産物 asc 認証 ASC-AQUA.ORG |
| 正式名 | Roundtable on Sustainable Palm Oil（持続可能なパーム油のための円卓会議） | Forest Stewardship Council（森林管理協議会） | Programme for the Endorsement of Forest Certification Schemes | Rainforest Alliance（レインフォレストアライアンス） | Marine Stewardship Council（海洋管理協議会） | Aquaculture Stewardship Council（水産養殖管理協議会） |
| 認証内容 | **パーム油に対する認証** 生産時に森林破壊や人権侵害が発生していないことを審査 | **紙や梱包材に対する認証** 森林環境の保全と地域社会の利益や経済に配慮していることを審査 | | **コーヒーや茶類、カカオ、バナナなどの農作物に対する認証** | **漁業認証** 漁獲魚種の資源量や漁法、漁業の管理体制などを審査 | **養殖認証** 病原体管理、飼料、周辺の生態系や人間環境への影響などを審査 |

どがチェックされる。

　気候変動による漁業への影響も懸念されている。気候変動が漁業に与える影響は、海水温上昇と海洋酸性化がある。

　これらが、海洋生態系に与える影響は解明されていないが、日本近海でも海流の変化による魚群の移動経路の変化や珊瑚礁の白化などの現象が確認されており、大幅な漁獲量の減少が予想されている。

　最近、取り沙汰されているプラスチックによる海洋汚染も海洋生態系を脅かす問題として浮上してきている。プラスチックそのものには有害性はないが、何年も微生物などに分解されずに残ることで問題を生み出している。

47

プラスチック汚染は2つに分類される。1つはマクロプラスチックによるもので、もう1つはマイクロプラスチックによるものである。

　マクロプラスチックは、消化されにくいプラスチックを海洋生物が飲み込んで窒息や消化不良などで死んでしまう問題や生態系の宝庫であるマングローブ林に滞留してマングローブ林の生育を妨げてしまう問題を引き起こしている。

　マイクロプラスチックは、直径5mm以下のプラスチックであり、マイクロプラスチックを蓄積した小型魚を大型の魚が食べて、さらにそれを人間が食べて、人体に蓄積されるという問題をはらんでいる。マイクロプラスチックが、人間やその他の生物にどれほどの健康被害を及ぼすかははっきりと分かっていない。しかし、科学者たちは、分解されない微細な物質が体内に蓄積されて、消化系や神経系に悪影響を及ぼす懸念から、実証研究などを進めている。

　18年6月の主要7カ国（G7）首脳会議では「海洋プラスチック憲章」が採択され、30年までにプラスチック包装の55％以上をリユース・リサイクルし、40年までにすべてのプラスチックを有効利用する数値目標が盛り込まれた。

　日本では、環境省が19年5月に使い捨てプラスチックの削減目標などを盛り込んだ「プラスチック資源循環戦略」を取りまとめた。「30年までに容器包装など使い捨てのプラスチックを25％削減する」「30年までに容器包装の6割をリユース・リサイクルする」「35年までに使用済みプラスチックを熱回収を含めて100％

有効利用する」「30年までにバイオマスプラスチックを約200万t
導入する」という意欲的な数値目標掲げた。20年7月からは、レ
ジ袋の有料化義務化を実施している。

## (4)

# 人権問題ではずせないポイント

## 人権の定義

　人権という言葉は、誰しもが知る言葉ではあるが、人によりイメージするものは違っている。

　プライバシー、セクハラ、パワハラ、LGBT差別、人種差別、過労死、サービス残業、表現の自由、いじめ、児童労働、難民保

### ■人権の定義

**■人権とは？**
- 人間が人間らしく生きていくために社会によって認められている権利
- 人間が生存と自由を確保し、それぞれの幸福を追求する権利
  （文部科学省　https://www.mext.go.jp/b_menu/shingi/chousa/shotou/024/report/attach/1370611.htmより）

**■世界人権宣言の中の人権とは？**
- フランス・パリで開かれた国際連合総会で、「あらゆる人と国が達成しなければならない共通の基準」として、世界人権宣言が採択（1948年12月10日）
- 世界人権宣言は、全30条からなる宣言文で、自由権、社会権を人権の内容として列挙している。

**自由権**

身体の自由、拷問・奴隷の禁止、思想や表現の自由、集会の自由、結社の自由、信教の自由、学問の自由、居住移転の自由、参政権など

**社会権**

職業選択の自由、労働者が団結する権利（労働権）、教育を受ける権利、生活保護を受ける権利など

護など、人権の枠で語られることは多岐にわたる。

人権とは「人間が人間らしく生きていくために社会によって認められている権利」である。文部科学省では、人権の定義を「人間が生存と自由を確保し、それぞれの幸福を追求する権利」としている。

1948年12月10日、フランス・パリで開かれた国際連合総会で「あらゆる人と国が達成しなければならない共通の基準」として、世界人権宣言が採択された。

世界人権宣言は、全30条からなる宣言文で「自由権」と「社会権」がうたわれている。

自由権として、身体の自由、拷問・奴隷の禁止、思想や表現の自由、集会の自由、信教の自由、学問の自由、居住移転の自由、参政権などが含まれている。

社会権として、職業選択の自由、労働者が団結する権利（労働権）、教育を受ける権利、生活保護を受ける権利などが含まれている。

## ビジネスにおける人権

世界人権宣言は、国家や個人を含めて広く定義しているが、さらに企業がビジネスを行う上での人権については、2011年に国連人権理事会が定めた「ビジネスと人権に関する指導原則」（United Nations Guiding Principles on Business and Human Rights）で定められている。

このビジネスと人権に関する指導原則は正式名称で呼ばれるこ

## ■ビジネスにおける人権

### ビジネスと人権に関する指導原則
(United Nations Guiding Principles on Business and Human Rights)

- 2011年国連人権理事会が「ビジネスと人権における指導原則」を定めた。
- 指導原則制定に貢献したハーバード大学のジョン・ラギー教授の名前から**ラギー原則**、英語の略称から**UNGP**、英語の名称の一部から**Guiding Principles**などと呼ばれている。

- 指導原則をいかに実行していくかをテーマとして、毎年ジュネーブで「国連ビジネスと人権フォーラム」が開催されている。

### ■指導原則（UNGP）が定義する人権

- 国際人権章典と国際労働機関（ILO）の中核8条約上の基本権に関する原則に定義される人権

| 差別の撤廃 | 結社の自由・団体交渉権の承認 | 強制労働の禁止 | 児童労働の禁止 |
|---|---|---|---|

強制結婚も含まれる

**現代奴隷の禁止**

とは少なく、制定に貢献したハーバード大学のジョン・ラギー教授の名前を取って「ラギー原則」とか、英語の略称から「UNGP」、名称の一部から「Guiding Principles」などと呼ばれることが多い。

この指導原則をいかに実行していくかをテーマとして、毎年11月にスイスの国際連合ジュネーブ事務局（パレ・デ・ナシオン）でNGO・NPO、企業の担当者などが参加する「国連ビジネスと人権フォーラム」が開催されている。

指導原則において、主に企業が尊重すべき人権は、「差別の撤廃」「結社の自由・団体交渉権の承認」「強制労働の禁止」「児童労働の禁止」と規定されている。なお「強制労働」「児童労働」は総称として「現代奴隷」と呼ばれている。

指導原則の中身は、「Ⅰ．人権を保護する国家の義務」「Ⅱ．人

52

権を尊重する企業の責任」「Ⅲ．救済へのアクセス」の3つで構成されており、企業において取り組むべき内容は、ⅡとⅢに示されている。

Ⅱ．人権を尊重する企業の責任については、全ての企業活動において人権を尊重する責任に関する方針を公にすることや、人権デューデリジェンスを実施することなどを求めている。Ⅲ．救済へのアクセスについては、苦情処理メカニズムの導入を求めており、その実効性の要件が定義されている。

苦情処理メカニズムとは、被害者の申し立てを受け付けて、適切な是正策を実施するための仕組みである。社員だけでなく、サプライヤーや地域コミュニティも含めたバリューチェーン全体で

## ■ビジネスと人権に関する指導原則の内容

### ビジネスと人権に関する指導原則
### (United Nations Guiding Principles on Business and Human Rights)

| Ⅰ．人権を保護する国家の義務 | Ⅱ．人権を尊重する企業の責任 | Ⅲ．救済へのアクセス |
|---|---|---|
| **国家の義務**<br><br>国家の義務のため、企業は関係ない | **a. 方針によるコミットメント**<br>・企業は、全ての企業活動において人権を尊重する責任を、方針として公にする<br>**b. 人権デューデリジェンス**<br>・企業が関与する人権への負の影響について特定し、分析し、評価する<br>・評価した結果を企業の対処プロセスに組み込み、適切な行動を起こす<br>・質的・量的な指標に基づき、継続的に追跡評価をする。<br>・企業の対応について、外部に知らせる<br>**c. 是正**<br>・企業は人権への負の影響を引き起こし、またはこれを助長したことが明らかになる場合には、是正に努めなければならない | **国家・企業が救済に向けて取り組むべき事項**<br><br>基本、苦情処理メカニズムを確立することが求められている<br><br>企業における**苦情処理メカニズムのための実効性の要件**が明記されている |

**苦情処理メカニズムのための実効性の要件**
1. **正当性**：苦情処理の公正な運営に責任を持っていること
2. **利用可能性**：全てのステークホルダーに周知され、利用に支障がある者には適切な支援が提供されていること
3. **予測可能性**：各段階おける所用時間が示されており、手続きや結果の伝え方、モニタリング方法が明確であること
4. **公平性**：通報者が情報に基づき、合理的なアクセスが確保されるように努めていること
5. **透明性**：通報者に進捗情報を継続的に通知し、実効性について信頼を築き、十分な情報を提供すること
6. **権利適合性**：結果および救済が国際的に認められた人権と適合していることを確保すること
7. **継続的学習源**：メカニズムを改善し、今後の苦情や被害を防止するための教訓を明確にするために使える手段を活用すること
8. **エンゲージメントや対話に基づくもの**：制度設計等についてステークホルダーと協議し、苦情を解決する手段として対話に焦点をあてること

の自社の負の影響を防止・軽減するとともに、起きてしまった負の影響の被害者の救済を可能にすることなどが求められている。

　欧米企業に比べ、日本企業は社員に対する苦情処理メカニズム（ヘルプラインなど）は導入しているが、サプライヤーなどのステークホルダーまでを対象としたものを整備しているところは少ない。さらに国境を越えて広がるサプライチェーンに対する苦情処理メカニズムの構築は遅れており、パーム油やカカオなどを調達する消費財や食品メーカーにおいては急務と言われている。

## 現代奴隷

　近年、ビジネスに関連して世界的に問題となっているのは現代奴隷である。強制労働、借金による束縛、また強制結婚、人身取引などを含め、自由を奪われて、人権侵害を受けている人の総称である。暴力や脅し、権力の乱用などによって搾取から逃れられない状況の人々である。

　国際労働機関ILOと豪NGO「ウォーク・フリー・ファンデーション」の調査によると、「現代奴隷」は世界に4000万人以上いるとされている。そのうちの約7割は女性で、子どもも25％含まれている。強制労働の被害者は約2500万人いるとされている。

　この問題は環境問題とも密接に関連している。現代奴隷が生じる背景に環境問題が隠れているケースがあるからだ。$CO_2$の排出量が増える一方で、地球が吸収する能力も森林伐採などによって弱まっている。加工食品や洗剤など様々な製品の原料となるパーム油が採取できるアブラヤシの木を植えるプランテーションを造

ESGの基礎知識　第 1 章

■現代奴隷

**現代奴隷**

強制労働や自由を奪われて人権侵害を受けている被害者の総称
暴力や脅し、権力の乱用などによって搾取から逃れられない状況におかれている人々強制結婚
や児童労働の被害者も含まれる。

現代奴隷は約４０００万人（７１％が女性（女児含む）２５％は子供）強制労働の被害者は約２５００
万人（ＩＬＯと豪ＮＧＯウォーク・フリー・ファンデーションの調査）

**現代奴隷の具体例**

**１．原材料調達先における労働者**

出稼ぎ先の漁船で監禁された漁師が何年にも亘り、無報酬で強制的に漁業に従事させられる等

**２．業務委託先やサプライヤーの工場の労働者**

劣悪な環境の工場などで低賃金で長時間労働させられる児童など

**３．外国人労働者や移民労働者**

入国時に借金を背負い、パスポートなど身分証を取り上げられ、債務労働の状態のまま脅迫されな
がら働かされる外国人労働者

└─▶ 各企業のサプライチェーンにおける人権問題の監視が重要

るために、大量に森林が伐採されることがある。そのような場所
では、強制労働や児童労働が蔓延している。

　森林伐採を進める環境に配慮しない企業では人権侵害も起こり
えるし、逆に人権侵害の問題を解決しないと森林伐採などの環境
問題も解決できないとも考えられており、環境問題と社会問題は
密接に関連している。

　現在では、NGOなどが企業のサプライチェーンにおいて人権
侵害がないかを監視する動きがある。1997年、ナイキが靴の製
造を委託していた東南アジアの工場で低賃金労働、劣悪な環境で
の長時間労働、児童労働、強制労働が発覚した。この事実が大々
的に報じられ、不買運動につながった。これにより、ナイキには、
「スウエットショップ（労働搾取工場）」というイメージが浸透し

55

## ■人権侵害問題

■グローバル市場では、企業が人権侵害などで外部より指摘・糾弾されたり、抗議・不買運動に発展するケースが多くある
■企業による人権侵害とされる例、日本企業も例外ではない

| 企業 | 事例 | 人権侵害の種類 |
|---|---|---|
| 米ナイキ | 1997年、インドネシアやベトナムの委託先工場で**児童労働や強制労働、長時間労働**が見つかり、不買運動や訴訟に発展 | 労働者の権利 |
| 英欄ロイヤル・ダッチ・シェル | 1990年代、ナイジェリアで**人権を侵害している政権に利益を供与して**いたと批判を受ける。**原油流出事故**で水質や土壌を汚染し、先住民の生活環境を奪って健康被害を与えたとして糾弾される | 紛争地域の人権侵害への加担、先住民の権利 |
| 日本　スポーツ用品　A社 | 2004年、NGOがアジアの労働実態調査を実施し、**委託先工場の劣悪な労働環境や処理**を指摘 | 労働者の権利 |
| 米アップル | 2010年、中国でサプライヤーの工場の従業員が**劣悪な労働環境**を苦に自殺。FLAが立ち入り検査をし、違法行為を発表 | 労働者の権利 |
| 日本　製造B社 | 2011年、マレーシアのサプライヤーの工場で、**移民労働者が不公正な処遇**の改善を求めたことを契機に抗議活動が発生 | 移民労働者の処遇 |
| 日本　素材C社 | 2011年、フィリピンのニッケル製錬所周辺の水域で、NGOが**水質汚染**を指摘 | 水資源のアクセス |
| 日本　製紙D社 | 2012年、中国の工場で**排水管設置工事を計画**したところ、生活環境の悪化を恐れた住民が反対運動を起こし、大規模なデモに発展 | 水資源のアクセス |

注）FLA＝公正労働協会、NGO＝非政府組織

出所：企業活力研究所、「日経エコロジー」2013年11月号44ページを基に作成

てしまい、欧米諸国で売り上げが激減して、経済的な大打撃を受けた。

　現代奴隷については、法制化により抑止する動きも出てきており、2015年に英国現代奴隷法（Modern Slavery Act 2015）が制定され、18年に豪州現代奴隷法（Modern Slavery Act 2018）が制定されている。

# ダイバーシティ&インクルージョン(Diversity& Inclusion)

　人々が生きていく社会は、人種、民族、国籍、出身地、社会的身分、社会的出身（門地）、性別、婚姻の有無、年齢、言葉、障がいの有無、健康状態、宗教、思想・信条、財産、性的指向・性自認、職種や雇用形態の違いなど、異なった背景を持つ人たちに

よって構成されている。多様な背景を持っている人々が生きている、その多様性をダイバーシティ（Diversity）という。

　さらに、ダイバーシティに不可欠な言葉として、インクルージョン（Inclusion）がある。

　インクルージョンとは、「包括」「包含」「一体性」などの意味を持つ言葉であり、ダイバーシティを意識・理解、認識し、受け入れ、その上で共存していく考え方である。

　ビジネスにおけるインクルージョンは、企業内の誰にでも仕事に参画・貢献するチャンスがあり、平等に機会が与えられた状態を指すものであり、個人が持つ特有のスキルや経験、また価値観などが認められ、活用される社会・組織を目指すものである。

　ダイバーシティという考え方が先に生まれ、その推進の中でイ

## ■ダイバーシティ＆インクルージョン

### ダイバーシティ（Diversity）

人々が生きてく社会では、人種、民族、国籍、出身地、社会的身分、社会的出身（門地）、性別、婚姻の有無、年齢、言葉、障がいの有無、健康状態、宗教、思想・信条、財産、性的指向・性自認及び職種や雇用形態の違い等、異なった背景を持つ人たちによって構成されている。多様な背景を持っている人々が生きている、その多様性をダイバーシティ（Diversity）という

### インクルージョン（Inclusion）

「包括」「包含」「一体性」などの意味を持つ言葉であり、ダイバーシティを意識・理解、認識し、受け入れ、そのうえで共に共存していく考え方

### ビジネスにおけるインクルージョン

インクルージョンは、企業内の誰にでも仕事に参画・貢献するチャンスがあり、平等に機会が与えられた状態を指すものであり、個人が持つ特有のスキルや経験、また価値観などが認められ、活用される社会・組織を目指すものである。
マイノリティであっても能力・創造力を発揮できるようモチベーションが向上する職場環境、また、それぞれの従業員が働きやすい職場を整えることが必要である

ンクルージョンという考え方は生まれた。1960年代の米国での公民権運動によってマイノリティの権利が認められるようになると、企業にダイバーシティを推進する動きが広まった。

　移民が多い米国では、企業がマイノリティ従業員を受け入れ、多様性を持った経営を行うことは不可欠で、ダイバーシティを推進する企業が増えた。しかし、その活動は表面的なものが多く、社員が定着せず、うまくいかなかった。そうした状況を打破するために、80年代に生まれたのがインクルージョンという考え方である。

　従業員におけるマイノリティの割合だけに注目するのではなく、マイノリティであっても能力・創造力を発揮できるようにモチベーションを向上させる職場環境、また、それぞれの従業員が働きやすい職場整備が推進されるようになった。

　現在は、国も企業もボーダレス化が進み、様々な人種の人々が働く多国籍企業も増えている。働く人々が、仕事に対して創造的なアプローチをし、スピーディーに問題解決をし、自律的に任務を遂行することが、どの組織でも求められるようになった。もはや、多様性を認識・理解せずに、社会も企業も進展していくことは不可能な時代になっている。日本では認識や取り組みが遅れており、性別、年齢、障がい者、LGBT、外国籍・人種に対するインクルージョンへの対応が急務と言われている。

　さらに最近、欧米では、ダイバーシティ＆インクルージョンに、公正という意味のエクイティ（Equity：公平）を加えたDEI（Diversity、Equity& Inclusion）という考え方が広まっている。

エクイティとは、全てのグループが同等の結果に到達するように
リソースを戦略的に配分すること、つまり不利な状況にいる人に
多くのリソースを投入する考え方である。全てのグループを同じ
ように扱う平等（Equality）とは異なる。

# (5) 拡大するESG投資

　ESG投資とは、企業を評価する際に、ESG（環境・社会・ガバナンス）への取り組みが適切に行われているかどうかを重視するという投資方法である。

　ESG投資は2018年時点で世界の投資額の3分の1を占める。日本のESG投資額は世界の10分の1程度にとどまるが、近年急拡大

### ■世界のESG投資の動向

■世界のESG投資
- ●2018年における世界のESG投資額：約3100兆円（世界の投資額の3分の1）
- ●2019年における日本のESG投資額：336兆円

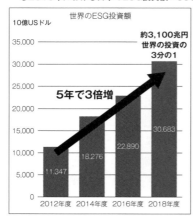

[ESG投資の急拡大のきっかけ]

- 国連責任投資原則（PRI）の発行（2006年）
  国連が機関投資家に責任のある投資を呼びかけ

- グローバル企業が人権・環境問題で責任を問われる
  （NGOによるネガティブキャンペーンや不買運動に発展）
  ナイキ、アップル、H&M、ユニクロ、ネスレ、ケロッグ、P&G、ユニリーバ

- 年金機構を中心に投資資金がESG投資へシフト

- ミレニアル世代が積極的にESG投資

ESGの基礎知識　第 1 章

### ■国連責任投資原則（PRI：Principles for Responsible Investment）

- 国連環境計画（UNEP）の金融イニシアティブ（UNEP_FI）と国連グローバル・コンパクトのパートナーシップによる宣言で、署名機関を束ねる組織体。
- 2006年、アナン国連事務総長の金融業界への提唱により設立された。2020年12月末で署名している機関投資家は3,300社となっている。

国連責任投資原則にある6つの原則

> ①**ESG課題**を投資分析と意思決定プロセスに組み込ます。
> ②アクティブな資産運用保有者として、保有方針と実践に**ESG課題**を組み込ます。
> ③投資対象の事業体に**ESG課題**の適切な開示を求めます。
> ④投資運用業界が当原則を受け入れ実行するよう働き掛けます。
> ⑤当原則を実践する効果を高めるために協働します。
> ⑥当原則に関する自らの実施活動や進捗状況を報告します。

している。2019年は前年比45％増で伸びている。

　ESG投資が急速に広まったのは、いくつかのきっかけがあった。

　1つ目は、06年に機関投資家に責任ある投資を呼びかける国連責任投資原則（PRI）が発行されたことである。この原則には、投資プロセスにESGの観点を組み込むことが提唱されており、多くの機関投資家がこの原則に賛同し、署名した。署名を求めたことで、誰がESG投資をしているかが明らかになり、ESG投資という投資行動の存在が意識されるようになったと言われている。

　2つ目は、人権や環境に配慮しない企業が責任を問われるようになり、事業の収益にも影響を与えるようになったことである。

　3つ目は、このような状況の中、巨額な資金を持つ世界の年金機構がPRIに署名して、巨額のお金がESG投資にシフトしてきたことである。日本の年金機構である年金積立金管理運用独立行政法人（GPIF）が15年に国連責任投資原則（PRI）に署名したこ

61

とをきっかけに、日本でもESG投資が本格化しつつある。

　最後に、未来を担う若いミレニアル世代がESG投資に関心が高いとも言われていることもESGが広まったきっかけの1つと言えるだろう。

## ESG問題に対する機関投資家の動き

　2000年代に入って、欧州を中心に国際環境NGOなどが、環境に配慮せず$CO_2$を大量に排出している企業に対して「この企業は環境に配慮していないので、製品を買うのをやめましょう」などと糾弾するネガティブキャンペーンを行うようになった。

　さらに、NGOは、その企業と関係する取引先や、最終的には

**■環境問題に対する機関投資家の動き**

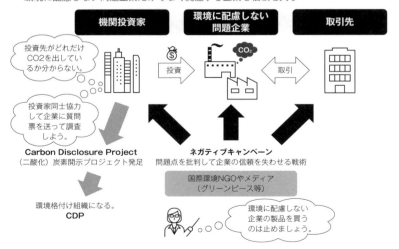

その企業に投資している機関投資家も糾弾するようになった。このような状況の中、機関投資家が動き出した。

欧州の機関投資家が中心となって、投資先企業が環境に配慮しているかどうか調べるために投資先企業に質問票を送って調査するプロジェクトが始動した。これが、環境格付け機関として有名なCDPの前身のカーボン・ディスクロージャー・プロジェクト（Carbon Disclosure Project）である。現在、CDPとして国際的に不動の地位を確立し、多くの機関投資家などがESG投資で情報を活用している。

この構図は環境だけにとどまらない。人権やガバナンスでも同じ構図があり、人権やガバナンスに配慮しない企業は投資対象から外される。環境のCDPと同じようにWBA（ワールド・ベンチマーキング・アライアンス）などのイニシアチブが人権に関する企業の格付けなどを進めている。

## 企業と投資家、評価機関の関係

次ページの図は、ESG投資に関わる企業、投資家、評価機関の関係を示したものである。

巨額な資金を持つ年金基金などの機関投資家は、直接、企業に投資するのではなく、運用機関に投資を委託している。多くの年金機関はPRIに署名しているので、ESG投資を運用機関に依頼する。

企業は投資をしてもらうために、運用機関などに統合レポートやESGレポートなどを開示したり、直接、取り組みを説明した

### ■ESG投資に関わる企業と投資家、評価機関の関係

■格付け・評価機関やインデックス会社が企業の情報を分析して運用機関に情報を提供している。特にインデックス会社が提供するESG株式インデックスに合わせて資金運用するパッシブ運用が増えている。

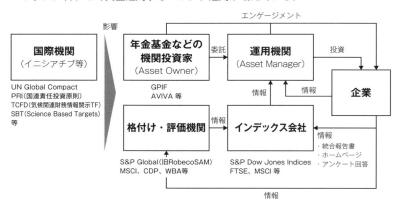

りする。

最近のESG投資では、インデックス企業が作成したESG株式指数に合わせて資金を運用するパッシブ運用が増えている。

インデックス企業は、企業から提供される統合報告書やサステナビリティレポートなどの開示情報、企業からのアンケート回答を基にESGの観点で優れた企業を格付けして株式指数に組み入れる。代表的なインデックス企業としては、Dow Jones、FTSE、MSCIなどがある。

企業が機関投資家からESG投資をしてもらうには、これらのインデックス企業のESG株式指数に組み入れてもらうことが重要となる。インデックス企業は、先ほど説明した国際的格付け機関であるCDPなどの情報を重要視している。

さらに、格付け機関、評価機関は、国際的なイニシアチブなど国際機関の動きにも敏感に反応する。例えば、イニシアチブに加盟しているか否かや、国際機関が提起しているフレームワークに一致した活動をしているかを評価のポイントにしている。そのため、企業はサステナビリティ関連の様々な国際的イニシアチブに参加することやフレームワークに賛同することが求められている。主なものとしては、TCFDやSBTがある。

## ESG投資家の受託者責任

　多くの年金加入者を抱える年金基金などの機関投資家は、資産運用に関して「受託者責任」（Fiduciary duty）という厳しい義

■受託者責任とユニバーサルオーナーシップ

**受託者責任（Fiduciary duty）**

受託者責任は、一般的に忠実義務・善管注意義務・自己執行義務・分別管理義務等がある。

| 忠実義務 | 受託者は職務を遂行する際には、受益者（年金加入者）の利益を考慮すべきであり、自分自身や第三者の利益をはかってはならない（信託法第30条） |
| 善管注意義務 | ある地位や職責にあるものは、社会通念上期待される合理的な注意を払って職務を遂行しなければならない（信託法第29条） |

**利益の最大化が法的義務**

ESG投資は受託者責任に反するものと捉えられていた。（～2006年）

2005年10月：UNEP FIなどがESG投資は受託者責任に反しないことに法的な分析をして報告
**2006年4月：国連責任投資原則（PRI）が発足、ESG投資が本格化**

**ユニバーサルオーナーシップ（Universal Ownership）**

• 経済・市場全体を所有しているような状況になっているが故に、こうした経済全体のパフォーマンスを悪化させる要因を是正しなければならない。
• **負の外部性（外部不経済）を最小化**、正の外部性（外部経済）を最大化

**ダイベストメント（脱化石燃料投資）**

務が課せられる。受託者責任は、一般的に忠実義務、善管注意義務、自己執行義務、分別管理義務などがあるとされているが、中でも忠実義務と善管注意義務の2つが重要であると言われている。

　日本では、年金基金に適用される信託法の第30条に、「受託者は職務を遂行する際には、受益者（年金加入者）の利益を考慮すべきであり、自分自身や第三者の利益をはかってはならない」と書かれており、これが忠実義務を示している。

　また、信託法の第29条には、「ある地位や職責にあるものは、社会通念上期待される合理的な注意を払って職務を遂行しなければならない」と書かれており、これが善管注意義務を示している。

　つまり、機関投資家は、企業や機関としての利益の最大化を求める前に、受益者の利益の最大化が法的義務となっている。そのため、国連責任投資原則（PRI）が発行された06年以前までは、ESG投資は受託者責任に反するものと捉えられていた。

　古くからESG投資に似た「社会的責任投資（SRI）」というものが存在する。これは、キリスト教系の財団が、たばこやギャンブル、ポルノなどの宗教倫理に反するものへの投資を排除したのが始まりだった。当時、米国で受託者責任などを規定するエリサ法（ERISA法）は、宗教財団へは適用されなかったため、問題となることはなかった。

　しかし、一般の機関投資家は受託者責任を負うため、ESG投資が受託者責任に反するという議論は長く続けられた。この状況を打破したのは、03年に設立された国連環境計画・金融イニシアチブ（UNEP FI）である。

UNEP FIは、04年に世界の資産運用会社などの協力を得て「社会、環境、コーポレートガバナンス課題が株価評価に与える重要性」というレポートを発行した。この中で「社会、環境、コーポレートガバナンス課題を有効にマネジメントすれば、株主価値の上昇に寄与する。そのため、これらの課題はファンダメンタル財務分析や投資判断の中で考慮すべき」と結論づけた。

そして、05年10月にUNEP FIと英国のフレッシュフィールズ・ブルックハウス・デリンガー法律事務所が共同で作成した「フレッシュフィールズ・レポート」という報告書を発表した。

この報告書では、各国の法域において、投資判断でESGを考慮することが受託者責任に違反しないかについての法的な分析を実施して報告している。

その中では、「ESG要素と財務的パフォーマンスに関する予測の信頼性を高めるためにESGを考慮することは、いかなる地域においても明らかに許容され、ほぼ間違いなく求められることである」と結論づけられていた。

この報告を受けて、翌年の06年4月にPRIが発足した。これにより、ESG投資が受託者責任に違反しないことにお墨付きが付いたと言えるだろう。それ以降、世界でESG投資が拡大している。

## ユニバーサルオーナーシップ

さらにESG投資を推進しているのがユニバーサルオーナーシップという考え方だ。

ユニバーサルオーナー（Universal Owner）とは、巨額の運

用資産を持ち、広範な産業などに分散させたポートフォリオを持つがゆえに、実際上、経済・市場全体をあたかも所有したような状態になっている機関投資家であり、そうした状態を自覚して受託者責任を果たそうとする考えがユニバーサルオーナーシップである。日本のGPIFは、典型的なユニバーサルオーナーである。

ユニバーサルオーナーは、経済・市場全体を所有しているような状況になっているがゆえに、こうした経済全体のパフォーマンスを悪化させる要因を是正しなければならないと考える。したがって、喫煙によって引き起こされる疾病によって、国民医療費が増大し、病気や早死にする人が増えて、経済の生産性を低下させることを懸念する。

ある経済主体の意思決定が他の経済主体の意思決定に影響を及ぼすことはある。他の経済主体の影響を無視できない場合も多く、このような状況を「外部性」のある状況という。つまり、ユニバーサルオーナーは「外部性」に強く関心を持つ投資家ということになる。所有する資産全体の価値を高めるように、「負の外部性（外部不経済）」を生じさせる存在に対しては、その悪影響を最小化するように策を講じ、「正の外部性（外部経済）」を生じさせる存在に対しては、その好影響を最大化するように策を講じるのが、ユニバーサルオーナーの基本的な行動パターンとなる。

そして、今、負の外部性として、最も注目されているのが気候変動問題である。そのため、ユニバーサルオーナーシップを重視する投資家が、ダイベストメント（脱化石燃料投資）を行っている。日本国内でも、石油・石炭産業はもちろん、石炭火力発電所

を多く所有する電力会社などへのこのような投資家からの圧力が強くなってきている。

　下記の動画は、ESG投資を分かりやすく説明している。私がこのサステナビリティに関する仕事を始めたばかりの頃に見た動画で、ESG投資に興味を持つきっかけとなった。ESG投資が、まだよく分からないという人にはご覧いただきたい。

＜ESG投資解説動画＞TED Talk
「サステナビリティ投資の論理」クリス・マクネット
https://www.ted.com/talks/chris_mcknett_the_investment_logic_for_sustainability?language=ja#t-8806

# 2

# サステナビリティ部門の
# 業務

サステナビリティ部門の業務は、事業戦略の立案から統
合報告書やサステナビリティリポートなどによる情報開
示、環境問題や社会課題への対応、それの前提になる情
報収集などまで多岐にわたる。この章では、サステナビ
リティ部門の実務の概要について紹介する。

## （1）

# 事業戦略策定や情報開示など幅広く実施

　サステナビリティ部門の名称は、サステナビリティ推進室、ESG推進室、CSR推進室、環境・CSR推進室などと企業によって異なる。環境推進室とCSR推進室で分かれているところもある。1つの部としているところもあれば、総務部、広報部、経営企画部の配下の課室としているところもある。

　国内企業の多くは、2003年頃にCSR推進室やCSR推進部という名称でサステナビリティ部門を設置した。しかし、この当時は社会貢献活動、いわゆるフィランソロピー活動の支援が中心で、主に社会貢献活動イベントの開催、社員のボランティア活動の支援、寄付活動の支援などが行われていた。

　いまだ多くの人にそのイメージが残っており、サステナビリティ部門と聞いても、社会貢献活動を支援している程度にしか思わない人も多い。昨今、サステナビリティやESGという言葉が世の中に溢れるようになって、社会貢献活動の支援だけをやっている部署ではないことは認識している人々も増えていると思うが、実際にどういう活動をしているかは知る人は少ないだろう。

　環境問題に関わる前の14年の段階では、私も、そのような人々の中の一人だった。そして、他社の活動を学びながら、1つひと

つ新たな仕事を作り、積み上げていった。現在、NRIのサステナビリティ推進室が行っている業務の多くが、私が始めたものであり、現在の業務量の7割以上が新たに着手したものだ。

NRIのサステナビリティ推進室の業務は、本来、サステナビリティ部門が行うべき業務の全てを網羅できていないかもしれない。しかし、企業として重要度の高い業務を優先して実施しているつもりである。

## ネガティブインパクトの抑止が優先事項

ここで少し、ESGの基礎知識で説明したことを思い出してもらいたい。企業は、ネガティブインパクトをESGの観点で網羅

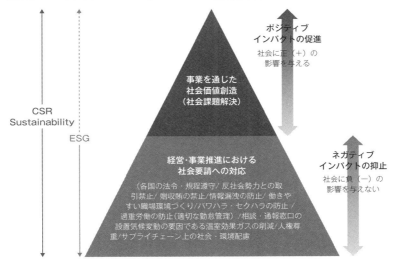

■CSR / Sustainability / ESGの概念整理

的に抑止した上で、社会にプラスの影響（ポジティブインパクト）を与えていくことを考えていかなければならない。

　企業がネガティブインパクトをある程度抑止できていないとポジティブインパクトの活動は社会に評価されない。簡単に言えば、社会に悪影響を与えている企業が良いことをしても何も評価され

## ■NRIサステナビリティ室の業務

| 業務分掌 | 1. 持続可能な社会の実現に向けた責任および事業戦略立案に関する事項<br>2. CSR活動、環境活動および社会貢献活動の企画、推進に関する事項<br>3. ESG活動に係る対外情報開示および外部評価向上施策の推進に関する事項 |
|---|---|

| | 主な業務内容 | 関連部門 |
|---|---|---|
| 事業戦略関連 | ・マテリアリティの特定、改定<br>・各種イニシアチブ等への賛同・加入<br>・TCFDシナリオ分析、委員会運営 | ・IR部門<br>・事業戦略部門<br>・経理部門<br>・広報部門<br>・人事部門<br>・人材開発部門 |
| 情報開示<br>エンゲージメント対応 | ・評価機関への対応・各種アンケートへの対応<br>・統合レポート・ESGデータブック、HP等の開示資料作成<br>・エンゲージメント対応、ESG説明会・各種ダイアログ開催 | |
| 環境関連 | ・環境方針・環境目標の策定<br>・環境データ保証・環境マネジメントシステム運用<br>・行政機関への報告<br>・再生可能エネルギーの調達 | ・総務部門<br>・調達部門 |
| 社会関連<br>（人権等） | ・人権方針の策定<br>・人権データ保証・人権デューデリジェンスの実施<br>・苦情処理メカニズムの構築 | ・人事部門<br>・事業戦略部門<br>・調達部門 |
| サステナビリティ<br>社員教育 | ・社外環境活動イベントの運営<br>・社内サステナビリティ教育用イントラネットの運営<br>・eラーニングESG試験の実施 | ・人材開発部門<br>・人事部門 |
| 社会貢献活動支援<br>（フィランソロピー支援） | ・学生小論文コンテストの企画・運営<br>・キャリア教育の企画・運営<br>・寄付活動の支援 | ・人事部門<br>（給与） |

ない。つまり、企業としては、ネガティブインパクトをESGの観点で網羅的に抑止していくことが重要であると説明した。

ポジティブインパクトの活動は各事業部門でできる。もちろん、サステナビリティ部門が各事業部門でポジティブインパクトの活動を推進できるように支援することも必要であると認識している。しかし、ネガティブインパクトの抑止は企業全体を網羅的に見なければならないことから、各事業部門で行うことは難しい。そのため、このネガティブインパクトをESGの観点で網羅的に抑止していくことがサステナビリティ部門としての最優先事項であると考えている。

左ページの図は、NRIのサステナビリティ推進室の業務全体を示したものである。ネガティブインパクトを抑止することで、まず、行うべきことは、事業戦略関連の業務の中のマテリアリティの特定である。

マテリアリティとはサステナビリティ経営において、企業が優先的に取り組むべき重要課題である。つまり、企業としてネガティブインパクトが発生しやすい場所を特定するということも意味する。

## ESG情報の開示で透明性を高める

次に重要なことは、情報開示である。

ESGの観点で網羅的に情報を開示しなければ、機関投資家を含めた社外のステークホルダー（利害関係者）は何も分からない。まずは、非財務情報を開示して企業の透明性を高めるべきだ。非

財務情報を開示したとしても、機関投資家や評価機関などのステークホルダーにきちんと理解していただけなければ意味がない。それには対話が必要だ。つまり、エンゲージメント（建設的な対話）が重要になる。

　次に、開示している非財務情報の網羅性や正確性が求められる。環境では第三者機関による環境データ保証が重要だ。環境データ保証に耐えうる正確なデータを取得するために、環境マネジメントシステムを導入して環境関連業務をしっかりと運営することが必要になる。

　社会でも、第三者機関による社会データの保証が評価機関などから求められつつある。また、今後、求められる情報の網羅性などを考えると、人権に関する問題を把握し対処する人権デューデリジェンスや人権問題についての相談や通報を受け付ける苦情処理メカニズムの構築も必要になってくる。

　ネガティブインパクトの抑止で最後に重要となるのは社員のサステナビリティ教育である。正確で網羅性の高い非財務情報が開示できたとしても、社員の意識が変えられなければ意味がない。気候変動問題、人権問題、ガバナンスなどに対する正しい認識が社員に求められている。

　最後が社会貢献活動支援業務である。サステナビリティ推進室の前身のCSR推進室では主な業務であった。しかし、この業務はネガティブインパクトの抑止にはつながらず、他の業務との関連性も少ないため、サステナビリティ推進室では一線を画す業務となりつつある。

社会貢献活動自体はポジティブインパクトの促進になる。ポジティブインパクトの促進策として、社会貢献活動ではなく事業の中で社会課題を解決する「共通価値の創造（CSV）」を企業に提唱する経済学者のマイケル・ポーター氏をはじめ、世界では企業が行う社会貢献活動を疑問視する声も出ている。しかし、長年、継続してきた社会貢献活動を急に終了するとブランド毀損につながる可能性もあるので、問題がなければ継続した方がよいだろう。一方、これから始める社会貢献活動は慎重に判断するべきだろう。

# (2) 事業戦略に関わる業務

　企業の中で、サステナビリティ経営が浸透していく中で、サステナビリティ部門が事業戦略に関わることも増えてきている。

　サステナビリティ部門が、サステナビリティ経営を推進する上で、まず、着手しなければならないのが、マテリアリティの特定である。

　マテリアリティは、日本語では「重要性」や「重要課題」を意

■マテリアリティの特定プロセス

**STEP1　国際基準に基づく課題要素の洗い出し**
持続可能な成長を考える上で考慮すべき課題となり得る要素を国際規格のガイドライン等をベースとして網羅的なロングリストをまとめる。

**STEP2　マテリアリティ（重要課題）の特定**
洗い出した要素に対して、経営の視点（横軸）、社外ステークホルダーの視点（縦軸）から、重要度の高い要素を抽出・特定する。

**STEP3　有識者へのヒアリング・経営討議**
抽出された重要度が高い要素に関して、社外の有識者の意見を踏まえて内容を調整、信頼性や客観性を担保し、経営討議を経て特定する。

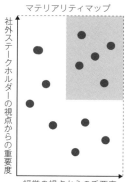

マテリアリティマップ

サステナビリティ部門の業務　第 2 章

## ■NRIグループのマテリアリティ

| 重点課題 | 概要 | 課題項目 |
|---|---|---|
| 地球環境保全のための負荷軽減 | 豊かな未来を目指し、人類と自然とが調和する地球環境保全のために環境負荷低減に向けた対応を実施 | ●気候変動への対応<br>●持続可能なエネルギー消費<br>●環境に対する責任と保全<br>●サプライチェーンにおける環境配慮 |
| 多様なプロフェッショナルが挑戦する場の実現 | 社員が健全にいきいきと働き続ける職場・労務環境づくりを目指して、多様な人材の活用、グローバル人材の育成、女性の活躍推進などへの取り組みを推進 | ●人材の多様性<br>●社会との対話<br>●顧客とのコミュニケーション<br>●健全な雇用・労使関係<br>●人権の尊重 |
| 社会からの信頼を高める法令遵守・リスク管理 | 倫理・法令などを誠実に遵守し、社会からの信用を高めることを目的として、リスク管理とコンプライアンスの徹底を強化 | ●コーポレートガバナンスの強化<br>●リスク・危機管理<br>●海外腐敗防止<br>●顧客への適切な情報開示 |
| 社会のライフラインとしての情報システムの管理 | 社会のライフラインとなるIT（情報技術）サービスを提供する責任を自覚し、サービスの品質向上にたゆまず取り組む | ●情報セキュリティ・システム管理<br>●情報社会へのアクセス |

味する。サステナビリティ経営において、様々な課題の中で、特に企業とステークホルダーの両者にとって大きな影響を及ぼすもの、つまり、企業が優先的に取り組むべき課題である。業種や業態、事業内容などによりマテリアリティは違ってくる。

　企業がサステナビリティ経営に取り組む際、企業を取り巻く多くの課題に総花的に対処するのではなく、取り組みの実効性を高めるため、自社にとってのマテリアリティが何であるかを特定すべきとの考え方が広まってきている。

　統合報告書などの世界的なスタンダードになっているGRI（グローバル・レポーティング・イニシアチブ）のガイドラインでも

79

マテリアリティが重視されている。

　NRIは10年に「CSRの重要性の測定」としてマテリアリティを特定してCSR報告書に掲載、17年に「マテリアリティ（重要課題)」として改定して、以降は統合レポートに掲載している。マテリアリティは、長期的視点での重要課題であるので、毎年見直す必要はないが、5～7年ぐらいの間隔で、事業戦略や外部環境の変化などを見て改定していくべきだろう。

## 国際的なイニシアチブに参加

　経営方針の一環として、企業がサステナビリティ関連の国際的なイニシアチブの活動に賛同したり、加入したりすることもある。サステナビリティ部門が賛同や加入の手続きをするのはもちろん活動に参加する場合もある。

　NRIは国連グローバル・コンパクト、WBCSD（持続可能な開発のための世界経済人会議)、JCI（気候変動イニシアチブ)、

### ■NRIグループのTCFD対応

・NRIグループでは、2018度からTCFDシナリオを開始し、リスク・機会の特定を実施。
・2020年度は、収益部門を対象にシナリオ分析を行い、影響を評価。

| 2018年度 | 2019年度 | 2020年度 | 2021年度 |
|---|---|---|---|
| シナリオの検討リスク・機会の特定 | 影響度が高い事業を対象にシナリオ分析 | 収益部門を対象にシナリオ分析 | シナリオ分析の対象事業の拡大 |
| 2℃、4℃シナリオでの会社全体におけるリスク・機会を特定 | データセンター事業を対象にシナリオ分析 | 資産運用ソリューション事業本部、コンサルティング事業本部を対象にシナリオ分析 | シナリオ分析の対象を更に拡大 |

RE100（Renewable Electricity 100%）に加盟している。

　またSBTi（Science Based Targets initiative）やBusiness Ambition for 1.5℃にも賛同している。

　さらに、TCFD（気候関連財務情報開示タスクフォース）の最終提言に支持を表明しており、現在、サステナビリティ推進室が中心となってTCFDシナリオ分析を行っている。

　TCFDは、G20財務相・中央銀行総裁会議からの要請を受けた金融安定理事会（FSB）が設立し、企業に対して、シナリオ分析による気候変動の財務的影響など、投資家が適切な投資判断を行うための気候関連の情報開示を要請している。

　17年6月29日に公表された最終提言では、企業に対して、気候変動がもたらす「リスク」及び「機会」の財務的影響を把握し、年次の主要な報告書（有価証券報告書など）において、開示するように求めている。

　NRIは、18年度に温暖化による気温上昇を2℃未満に抑える「2℃シナリオ」と同じく4℃に抑える「4℃シナリオ」の2つで会社全体におけるリスクと機会を特定し、19年度に気候変動により影響が大きいと思われるデータセンター事業を対象にシナリオ分析を行い、財務的インパクトを算出して開示した。20年度は、収益部門の資産運用ソリューション事業本部とコンサルティング事業本部を対象にシナリオ分析を行い、財務インパクトを算出した。今後も、対象となる部門をさらに拡大して、全ての事業におけるシナリオ分析を行う予定である。

　TCFDのシナリオ分析は、自社の事業戦略に気候変動による影

響を組み入れることにほかならない。金融安定理事会が企業に対して望んでいることなのだから、当然とは言えるが、TCFDを機にサステナビリティ部門が事業戦略などに関わることがより多くなるだろう。

## パーパス（企業の存在意義）の登場

さらに、近年になって「パーパス（Purpose）」という新しい概念が登場した。パーパスとは、「企業の社会的な存在意義」を意味する言葉で、企業のミッションやビジョンという概念等の最上位に位置するものとされている。19年に世界最大の資産運用会社であるブラックロックのラリー・フィンクCEOが、世界の投資先企業のCEOに対して、「企業利益の最大化を超えた存在目的を持つ必要がある」と提起した書簡を送ったことで、このパーパスが知られるようになった。

国内でも、パーパスを表明している企業は出てきている。パーパスは企業経営そのものになってくるので、サステナビリティ部門というより、事業戦略・経営企画部門が主体になるかもしれないが、サステナビリティ部門も関与すべき事柄の1つである。

企業がパーパスを実践しているか否かについては、パーパスが明文化・言語化されていることと、社員や社会にそのパーパスが感じられていることの2つがポイントとされている。

NRIは、まだ、パーパスを明文化・言語化していないことから実践しているとは言えないだろう。しかし、パーパスを明文化・言語化することは、数年以内に実現できるとは思っている。むし

ろ、社員や社会にそのパーパスを感じさせるようにしていくこと
が難しいし、より大事だと思う。少なくとも社員にパーパスを感
じさせるような施策を十分に練った上で、明文化・言語化に取り
組むべきと考えている。パーパスは企業の将来を決める最も重要
な概念と言っても過言ではない。それだけに、企業として真剣か
つ慎重に取り組むべきだろう。そして、このパーパスを実践する
ことは、サステナビリティ部門の位置付けも大きく変えるものに
なるかもしれない。

**(3)**

# 情報開示・エンゲージメント対応業務

　情報開示の業務は上期に集中する。評価機関等からの質問票の提出の締め切りが6〜7月になる。しかし、評価機関に報告する非財務情報の数値は前年度となるため、4月にならないと集計作業ができない。集計結果がまとまるのが4月末、そこから非財務情報を掲載するESGデータブックの制作が始まり、並行して評価機関への回答が進められる。つまり、5〜7月の3カ月間が情報開示と評価機関対応の繁忙期となる。

## ESGデータブック制作が大仕事

　特にESG株式指数のDJSI（Dow Jones Sustainability Indices）と環境格付け機関CDPの質問票はボリュームがあり、対応にも時間もかかる。CDPは日本語での回答ができるが、DJSIは英語のみで、しかもプリントするとA4判100ページ近くになる。NRIでは、4年前に質問票を翻訳して各関連部署に回答を依頼するやり方をやめ、サステナビリティ推進室が英語の質問に対して情報を収集して英語で回答するようにしている。

　評価機関などへの対応で肝となるのがESGデータブックの制作である。非財務情報の開示のやり方は、企業によって異なる。

統合報告書の他にサステナビリティ報告書などを発行している企業もある。NRIも、以前はCSR報告書を発行していたが、統合レポートに統合して、統合レポートとデータ部分を掲載するESGデータブックを発行している。

統合レポートから非財務データの部分を分離したのがESGデータブックであり、本来は1つにしても構わないのだが、評価機関の評価のタイミングと統合レポートの発行タイミングが一致しないなどの理由で分離したままでいる。

評価機関の調査の方法は大きく2通りある。1つは、対象企業に質問票を送り、回答内容を評価するとともに、回答内容が企業の発行する報告書やホームページで公開しているかを確認する方法で、DJSIなどの調査で使われている。NRIでは質問票の回答欄にESGデータブックの何ページに書かれてあるなどの情報を加えて回答している。

もう1つは、質問票は送らず、評価機関が勝手に対象企業のホームページなどにアクセスして情報を取得し、評価する方法だ。ESGの有力な調査期間であるMSCIなどの調査で使われている。この場合、評価機関はGRIのガイドラインに従って情報を収集する。NRIでは、GRIに沿ってESGデータブックの情報を整理しており、評価機関が必要なデータを取り出しやすいようにしている。

業務として大変なのは、ESGデータブックに掲載する情報をいかに迅速かつ正確に集めるかという点である。NRIのESGデータブックはA4判で75ページもある。この膨大なデータを関連部署から迅速に集めなければならない。関連部署との調整作業やデ

ータの転記ミスやデータの整合性のチェック作業などがある。

統合レポートはIR（投資家向け広報）部門が制作しているが、サステナビリティ推進室でも、環境分野や社会分野のパートを受け持ち、掲載内容を考えている。

下期になると、評価機関から評価結果が送られてくる。DJSIなどの評価結果は、総合スコアだけでなく、環境、社会、ガバナンスの各分野のスコア、さらに分野ごとに5〜10項目の詳細スコアなども掲載されていて、各項目での平均点との差や自社がどのあたりに位置するかも分かるようになっている。

この評価結果の内容を基に要因分析が始まる。「なぜこの項目は低いスコアになったのか」「昨年度に改善策を講じたのにどうしてこの項目のスコアは上がらなかったのか」などの要因を分析していく。要因分析では外部も活用する。国内のベンチマーク分析企業を活用したり、評価機関が提供しているベンチマーク分析レポートなどを購入したりしている。

これらの要因分析結果を基に、次年度に向けた改善策を練っていく。ESG関連の方針を改定したり、ESGデータブックに掲載する開示項目を増やしたり、新たな規程や制度を作ることを上申したりと様々だ。そして、次年度の下期に送られてくる評価結果を見て喜んだり、落胆したりする。その繰り返しだ。

## ステークホルダーとの対話

エンゲージメント対応は、8月頃に開催する有識者ダイアログから始まる。気になるテーマを決め、そのテーマに関する有識者

サステナビリティ部門の業務　第 2 章

　数名を招待して開催している。最近は、海外視察の中で実施することも多いことから、海外の有識者を招待することが多い。

　年が明けて1月になるとパートナーダイアログを開催する。NRIのサプライチェーンを構成するパートナー企業を招待するものでパートナー企業との情報交換の場として開催している。エンゲージメント対応というより、環境、社会の施策についてパートナー企業にご理解とご協力いただくためのものと言った方がよいかもしれない。

　そして、2月中旬に機関投資家やメディアの方々を招待してESG説明会を開催する。

　NRIのサステナビリティ経営の内容を発表する場として位置付けており、毎年、社長が登壇している。サステナビリティ推進室が開催するイベントとしては最も重要なものになる。もちろん、説明する内容は事業戦略を担当する部門などと調整して進めている。

　個別に機関投資家とエンゲージメントを実施することもある。18年まではIR部門だけでエンゲージメントを実施していたが、19年以降は機関投資家の一部からESGに特化したエンゲージメントの場を持ちたいという要望を受け、私がその場にIR部門のメンバーと共に出席するようになった。19年は数件程度だったが、20年に入って増えてきており、国内でもESG投資が活発化してきていると肌で感じるようになった。

## (4)

# 環境関連業務

　環境関連業務の第一歩は環境方針の策定である。ある程度の規模の会社であれば、環境方針は策定されていることが多いと思う。だが、他社の環境方針を模倣してアレンジしているところも多いのではないだろうか。

## 温室効果ガス削減目標を設定する

　環境方針の内容は事業内容によって多少変わるところもあるが、全般は変わらないと思うので、他社の優れた環境方針を模倣すること自体はそんなに悪いことではない。ここで、重要なポイントは、定量的な環境目標を策定して、その実現方法も含めて環境方針に掲載することだ。会社として「何年までに温室効果ガスを何％削減する」ということを宣言するなら、簡単に他社のものを模倣して使うことはできないだろう。

　つまり、環境目標を策定して機関決定する必要がある。また、環境目標も、社内だけで勝手に決められるわけではない。科学に基づいた温室効果ガス削減目標（SBT：Science Based Targets）の普及を目指す国際イニシアチブのSBTi（Science Based Targets initiative）が企業の環境目標を認定しており、

その認定を得た目標を掲げることが必要だ。

　SBTiは50年までに温室効果ガス排出量をゼロにすることを前提に各企業の環境目標を審査している。したがって、企業はまずSBTiの活動に賛同して審査を受けることになる。

## ■NRIグループ環境方針

### ■基本理念

NRIグループは、気候変動問題及び環境汚染を含む地球環境問題への取組みを世界共通の問題であると認識し、コンサルティングとITソリューションのサービスを提供する企業として、その創造力と技術力を活かし、全てのステークホルダーと連携して持続可能な未来の実現に貢献します。また、NRIグループが事業活動を行う中で、グループの全役職員が環境負荷低減に努めてまいります。

### ■行動指針

1. **低炭素社会構築に向けた社会提言と先進的・革新的サービスの提供**

   気候変動による影響の軽減や低炭素社会の構築などに向けた社会提言と、その実現に資する先進的・革新的サービスの開発・提供に努めます。

2. **定量目標の達成に向けた活動**

   気候変動の影響を抑えるために、2030年度までにグループ全体の温室効果ガス排出量を2013年度比で72%削減し、さらに2050年度までに温室効果ガス排出量ゼロを目指します。事業活動のライフサイクル全てにおいて、エネルギー利用の効率化を図り、再生可能エネルギーの利用促進に努めます。

3. **環境マネジメントシステムの構築・運用**

   環境マネジメントシステムを構築・運用して、目標の達成状況を定期的に評価し、継続的な改善を進めます。環境へのリスクと機会を考慮した環境側面に対し、改善に向けた目標を設定し、毎年見直しを行います。

4. **持続可能な社会づくりのための対話と情報開示**

   社会からの要請の把握やステークホルダーとの定期的な対話を踏まえ、地球環境問題の解決に取り組み、持続可能な社会づくりに貢献していきます。また、環境に関する自社の事業活動やサービスについての情報を開示し、それに対するフィードバックを取り込んで、改善に活かします。

5. **環境教育・地域貢献活動の推進**

   地球環境問題に対する意識・理解を高めるために、グループの役職員及び取引先への教育や啓発活動を推進します。グループの役職員ひとりひとりが、自発的に行う環境保全活動や地域貢献活動などを積極的に支援します。

6. **環境法令等の遵守**

   世界各国並びに日本の環境関連法令、地域の条例・協定、ステークホルダーとの合意事項等を遵守し、適切な対応を行います。

NRIは16年2月にSBTiに賛同して18年6月に2℃目標での認定を受けている。さらに21年2月、1.5℃目標での認定も取得した。SBTiでは50年に温室効果ガス排出量ゼロを前提としているため、かなり厳しい温室効果ガス削減量が求められる。再生可能エネルギーの供給などが遅れている日本では、環境目標を機関決定することは簡単ではない。

## 環境関連業務の柱になるEMS

　環境関連業務で肝となるのが環境マネジメントシステム（EMS）である。NRIでは、国際標準のEMSであるISO14001がデータセンターに導入されており、オフィスには独自のEMSで

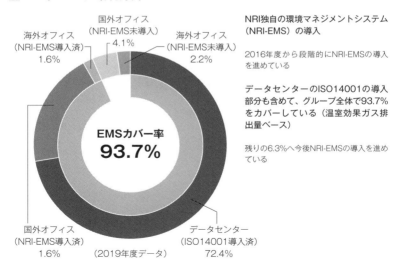

■NRIグループ環境方針

あるNRI-EMSが導入されている。19年度時点で、温室効果ガス排出量ベースでNRIグループの93.7％にEMSが導入されている。

EMSの業務はサステナビリティ部門が行っているとは限らない。総務部門が行っている企業も多い。NRIでも実際に各拠点でNRI-EMSを運用しているのは、総務業務を担当するグループ会社になる。そのグループ企業の業務の多くを統括しているのが総務部門である。

しかし、NRI-EMSの業務はサステナビリティ推進室で統括している。体制として歪があり、混乱を招きそうなのだが、NRI-EMS自体で統括体制なども定義されているので、運用を開始してから5年が経過したが、あまり支障はきたしていない。

EMSを経験したことがない人に説明するのは難しい。専門家は「環境に関わる活動についてPDCA：Plan（計画）→Do（実行）→Check（評価）→Action（改善）を回していくもの」と説明するが、それで分かる人は少ないだろう。要はやってみないと分からない代物なのだが、重要なポイントが2つある。1つは環境法令を遵守することであり、もう1つは環境に関する目標を立てて、それに対する努力と自己評価をしていくことである。

EMSに関して、サステナビリティ推進室における重要な業務は環境法令などの改定に関する情報収集と内部監査になる。環境法令を遵守するための仕組みだから、法令の改定内容がドキュメントに反映されてなければ意味がない。内部監査は、この仕組みが機能しているかを確認するものだ。内部監査だが、お手盛りになることを懸念して、外部の専門家を監査人にして行っている。

毎年、11～3月の期間で対象拠点を順次監査している。当初は、毎年、同じような監査をして意味があるのだろうかと思ったこともあったが、各拠点の担当者も入れ替わるため、これまでできていたことができていなくなっていたりすることもあって、今は、内部監査は業務のレベルを維持・向上させる上で重要だと感じている。

## 環境データは第三者保証が重要

環境関連業務としては、環境データ保証も重要である。環境データ保証は企業が排出する温室効果ガス排出量、水の使用量、廃棄する廃棄物の量等を第三者機関が正確であると保証するものである。扱う数値は違うが、会計の財務監査に似ている。

■環境データ保証

環境データ保証は財務監査に似ている

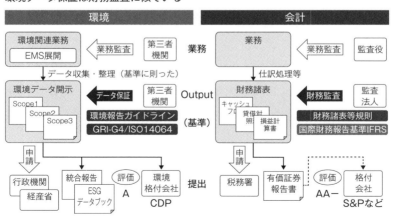

サステナビリティ部門の業務　第 2 章

　NRIの場合、コンサルティングとITソリューションを提供す
るサービス業の会社であるため、事業の中で水を大量に使用した
り、廃棄物を大量に排出したりすることはない。そのため、温室
効果ガス排出量と、その基となる電気使用量やエネルギー使用量
を保証の対象としている。

　ESGの基礎知識で説明したが、温室効果ガス排出量は算出の
対象によってスコープ1、スコープ2、スコープ3に分けられる。
スコープ1と2は、環境マネジメントシステムの運用の中で算出
に必要なデータが収集され、スコープ3は、主に会計データなど
を基に算出されるため、経理部門からデータを収集する。

　これらの環境データは、環境格付け機関CDPの質問票への回
答、経産省の「省エネ法に基づく定期報告」や各地方自治体が求
める環境報告など行政機関への報告に活用する。

## (5)

# 人権など社会関連業務

　社会関連業務もサステナビリティ部門が行っているとは限らない。NRIでも、ダイバーシティ＆インクルージョン（性別や国籍など個の違いを認め合って生かすこと）の推進活動は人事部のダイバシティ推進課が行っている。

　NRIのサステナビリティ推進室では、しばらくは、国連グローバル・コンパクト・ネットワーク・ジャパンの分科会などに参加して、社会関連の知見を得る活動を進めていた。

## 現代奴隷法への対応が急務に

　その中で、気になり始めたのが、世界における人権に関する法制化の動きだった。15年3月に英国現代奴隷法が施行され19年1月に豪州現代奴隷法が施行された。NRIグループでは、英国での事業規模などから英国現代奴隷法からの対象とはならなかったのだが、オーストラリアにはASGというグループ会社があり、豪州現代奴隷法からの対象からは避けられなかった。

　オーストラリアで現代奴隷法が施行されるという情報を17年頃に得て、サステナビリティ推進室で調査を開始した。その中で人権デューデリジェンスという言葉を知った。人権デューデリジ

第 2 章　サステナビリティ部門の業務

# ■NRIグループ人権方針

NRIグループは、経営理念の実現に向け、自らの事業活動から影響を受ける、すべての人々の人権を尊重し、人権尊重の取り組みをグループ全体で推進し責務を果たす努力をして参ります。

## 基本的な考え方
NRIグループは、「国際人権章典」「労働における基本的原則および権利に関する国際労働機関の宣言」「国連グローバル・コンパクトの10原則」等の人権に関する国際規範を支持しています。本方針は、これら規範および、国連「ビジネスと人権に関する指導原則」を基に、NRIグループ各社およびその役職員が人権尊重の取り組みを推進すべく定めるものです。

## 方針の適用範囲
本方針は、NRIグループの全役職員に対し適用されます。また、NRIグループのすべてのビジネスパートナーに対し、本方針の支持および遵守を求め、協働して人権尊重の責務を果たします。

## 人権の尊重
NRIグループは、人種、民族、国籍、出身地、社会的身分、社会的出身（門地）、性別、婚姻の有無、年齢、言葉、障がいの有無、健康状態、宗教、思想・信条、財産、性的指向・性自認及び職種や雇用形態の違い等に基づくあらゆる差別を禁止し、ハラスメントを行いません。また、いかなる形態の強制労働および児童労働も認めません。NRIグループは、労働者の団結権、団体交渉および団体行動をする労働基本権を尊重します。

## 人権尊重責任の遂行
NRIグループは、自らの事業活動において直接または間接的に人権に影響を及ぼす可能性があることを理解し、他者の人権を侵害しないことはもとより、自らの事業活動を通じて人権への負の影響が生じた場合は是正に向け適切に対処します。
ビジネスパートナーによる人権に対する負の影響が疑われ、それがNRIグループの事業と直接つながっている場合、NRIグループは、ビジネスパートナーに対し人権を尊重し、侵害しないよう求めていきます。

## 適用法令の遵守
NRIグループは、事業活動を行うそれぞれの国や地域で適用される法令を遵守します。
国際的に認められた人権と各国や地域の法令の間に矛盾がある場合、NRIグループは、国際的に認められた人権の尊重に向けて努めていきます。

## 教育
NRIグループは、本方針が事業活動全体に組み込まれ定着するよう、また、本方針が理解され効果的に実施されるよう、すべての役職員等に対して適切な教育を行っていきます。

## 人権デュー・デリジェンス
NRIグループは、人権デュー・デリジェンスの仕組みを構築し、これを継続的に実施します。この人権デュー・デリジェンスにより、人権への負の影響を特定し、その防止および軽減を図ります。

## 救済
NRIグループが人権に対する負の影響を引き起こした若しくはこれに関与したことが明らかになった場合、または、ビジネスパートナーを通じた関与が明らかになった場合には、適切な手段を通じて、その救済に取り組みます。

## 対話・協議
NRIグループは、人権への潜在的および実際の負の影響に関する対応について、独立した外部からの人権に関する専門知識を活用し、関連するステークホルダーと協議を行っていきます。

## 情報開示
NRIグループは、本方針に基づく人権尊重の、取り組みの推進状況について、ウェブサイトなどで開示します。

制定日：2019年2月5日

ェンスは、バリューチェーン全体における人権に関するリスクを把握し、改善に結び付けるための一連のプロセスと言われている。現代奴隷法では、企業が人権デューデリジェンスを実施することを求めている。最終的には、グループ企業のASGが豪州現代奴隷法に対処することになった。

　しかし、今後、世界で人権に関する法制化は進むと考え、本社機構としてNRIグループ全体の人権デューデリジェンスの対応を進めている。

　人権デューデリジェンスへの第一歩は人権方針の策定である。

　まず、経営トップが人権の重要性を認識し、全社的に取り組むことにコミットすることが重要と言われている。人権方針の策定は、それを示すものになる。

　NRIは、19年2月にNRIグループ人権方針を策定した。さらに、外部の調査機関などに委託して、人権リスクが高い地域を特定し、NRIの事業においては、「プライバシーの権利」「適正賃金」「適正な労働時間」に、潜在的な人権リスクが存在することを明らかにした。

サステナビリティ部門の業務　第 2 章

(6)

# ガバナンス関連業務

ガバナンス関連業務については、役員、経営企画部門、法務部門などが担当するものと考えているが、サステナビリティ推進部門でも関連する業務がある。

環境関連業務おいては、7年近く携わっているので会社としてのあるべき姿は見えている。それほどではないが人権関連業務においても、ある程度は見えてきている。しかし、ガバナンス関連業務に関しては、あるべき姿はまだ見えていない。

少なくとも、会社ぐるみの不正をなくす制度や仕組みが重要だとは認識しているが、どういう形が望ましいかについて経営層に提言することは難しいし、それを提言するのがサステナビリティ推進部門なのかということにも疑問がある。

## 「ギャップ分析報告書」を活用

そのため、NRIのサステナビリティ推進室は、ガバナンスに関しては、国際評価機関などからの指摘を理解して経営層に対策を提案することにとどめている。国際評価機関が求める企業のあるべき姿から程遠いと思われる事項を列挙する「ギャップ分析報告書」が提供されている。そこからガバナンスに関連するものを取

97

り出して、NRIが、すぐに取り掛かれそうな対応を提案している。いくつかの例をご紹介しよう。

18年にNRIグループビジネス行動規範に「政党・政治家への支援禁止の方針」を追加することを提案した。政党・政治家に支援をすることが悪いのではない。政党や政治家にどう対処していくかを開示することを国際評価機関は求めている。もともと、NRIはシンクタンクのため、政党・政治家からは中立な立場を置くことを原則としており、政党・政治家への支援は禁止されていた。そのため、開示するだけで政党・政治家に対する明確な方針になるのである。「政党・政治家への支援禁止の方針」を決めるのは、役員、経営企画部門、法務部門などだ。しかし、国際評価機関などが開示を求めていることを助言できるのはサステナビリティ部門だけかもしれない。この提案は受け入れられ、NRIグループビジネス行動規範に取り込まれている。

NRIコーポレートガバナンス・ガイドラインの中の取締役会の体制の条項に「多様性を考慮した構成」を追加することを提案した。海外の先進国などに比べ女性の登用が遅れた日本で、すぐに多くの女性を取締役にすることなどは難しい。しかし、できるできないを議論する前に方針やガイドラインにあるべき姿を入れ込むことが国際社会の考え方なのである。この提案も受け入れられたが、国際評価機関などからは、まだ、多様性の定義が不十分といった指摘を受けている。

変わった例としては、クローバック条項の導入である。クローバック条項とは、過去の意思決定に瑕疵があった場合に、経営陣

から在任中の報酬の一部または全てを取り戻す条項である。この
クローバック条項は、私もダメ元で提案したのだが、なぜかとん
とん拍子で話が進み、20年に導入されている。無理と決め付け
ず、とりあえず言ってみるという姿勢も大事だと思った。

　最近の提案としては、税務方針の改定や海外納税額の開示など
がある。多国籍企業における租税回避の行動が顕著になり、国際
評価機関などが懸念して評価の項目として重要度を高めている。
これらも受け入れられ、税務方針の改定や海外納税額の開示を行
っている。

## (7)

# サステナビリティ社員教育

　社員教育は、企業により様々だと思うが、環境教育の場合は、野外でのボランティア活動を兼ねて環境教育をしている企業も多い。NRIも、16年3月に森林の保全を目的とした福島県只見町の「ただみ豪雪林業・観察の森」整備事業に寄付したことをきっかけに、毎年、社員のボランティアを募り、只見町での間伐作業などを手伝っている。

　只見町は、豊かな自然が残る地域としてユネスコ（国連教育科

### ■只見町での森の環境保全活動と環境教育

| 目　的 | 森林の間伐活動を行い、自然環境や生物多様性の重要性を認識する |
| 場　所 | 福島県南会津郡只見町 |
| 実施時期 | 毎年9〜10月（2日間） |
| 参加者 | 30〜40人 |

福島県只見町での間伐作業

100

学文化機関）から「ユネスコエコパーク」に認定されている。只見町役場の職員の方から自然環境に関するレクチャーも受けながらボランティア活動を実施している。

　ESGの基礎知識で、日本の森林の多くが人工林で不必要な枝を切り落として間引きをし、1本1本の木を育てていかなければ、痩せ細った木ばかりになり、根が土壌に十分に張らずに土砂崩れなどが起きやすくなると説明したが、その不必要な枝を切り落として間引きすることがどれだけ大変かをまさに実感できる。

　サステナビリティ推進室では毎年、ボランティア社員の募集、交通手段や宿泊場所の手配、只見町役場の方との調整などを行っている。只見町には只見線というローカル線が走っているのだが列車が一日数本しかなく、毎回、上越新幹線の越後湯沢駅から只見町までバスをチャーターしている。そのバスの中で、私は環境問題やNRIの環境活動などを講義している。

## eラーニングは馴染みやすく

　NRIでは、全役職員向けにeラーニングの仕組みが用意されている。その仕組みを使って14年から環境（E）試験を始めた。16年からは、社会（S）、ガバナンス（G）も加えたESG試験を実施した。

　さらに、19年には教育用アニメーションを作り、ESG試験の出題もそこから出すようにしている。20年にサステナビリティ社員教育用のイントラネットも構築して、社員の意識を高めようとしている。

## (8) 社会貢献活動支援

　社会貢献活動も企業によって異なるだろう。NRIの社会貢献活動の主なものとして「NRI学生小論文コンテスト」がある。NRI

■**社会貢献活動**

・NRI学生小論文コンテストでの入賞者と審査委員の集合写真

・カード形式のボードゲームのIT戦略プログラム実施の様子

が考える社会の一番の財産は「人」であり、論文コンテストを通じて日本の将来を担う学生を成長に導くことが社会貢献につながると考え、06年から開始しているコンテストである。

　毎年、2000人を超える大学生・高校生が応募するが、その中から大賞や優秀賞を決める。社員100人近くがボランティアで一次審査委員として参加し、ジャーナリストの池上彰氏やノンフィクションライターの最相葉月氏が特別審査委員として参加する二次論文審査やプレゼンの最終審査で賞が決まる。

　サステナビリティ推進室では、4月頃から告知の準備を始めて、告知、論文の募集、一次論文審査、二次論文審査、12月の最終審査会の開催、冊子の編集等、ほぼ1年間を通してのイベントとなる。かなりの作業をアウトソーシングしているが、それでも、多くの社内リソースが必要になる。他社でも、このようなイベントを開催するところは多いように思う。

## 学生に仕事の体験を提供

　NRIでは、キャリア教育の一環として、コンサルティング業務やITサービス業務を小中学生や高校生に知ってもらうプログラムを用意している。

　コンサルティング業務のプログラムは、コンサルティング部門のインターン向けの教育プログラムを高校生向けにカスタマイズしたもので、講義はコンサルティング部門にお願いしている。サステナビリティ推進室では、学生の募集や会場の確保や日程の調整などを行っている。

ITサービス業務のプログラムは、カード形式のボードゲームを使ったもので、いくつかのチームに分けて、ゲームでの競い合いを楽しみながら「情報システム」や「システムエンジニアの仕事」を学ぶことができるプログラムとなっている。サステナビリティ推進室の前身のCSR推進室時代に企画・開発されたもので、実際にシステム開発に携わっている社員の経験談も交えながら、システムエンジニアの仕事を体験してもらうプログラムである。

　サステナビリティ推進室では、学生の募集や会場の確保、日程の調整だけでなく、ボランティアで参加するシステム開発部門の社員に講師としてのプログラムの進め方を教えたり、プログラムの教材の準備、プログラムの実施の支援などを行ったりしている。

　社会貢献活動支援で、どの企業でも共通で行っているのは寄付に関する業務だろう。

　NRIでは、東日本大震災の被災者向けの寄付を半年に1度、社員から募っている。サステナビリティ推進室では、社員からの寄付金を給与引き落としとするため、イントラネットで社員からの寄付を募り、そのデータを各グループ企業の人事部門に引き渡す作業を行っている。さらに、社員から募集した寄付金額に加え、マッチングギフトとして会社からの寄付金額を加えて、寄付先の中央共同募金会に送金する処理などを行っている。

　また、確定申告の証書となる領収書を希望する社員のために、中央共同募金会から領収書を取得して該当の社員に郵送する作業も行っている。他社に出向している社員等もいて、郵送作業などに時間と手間を取られているのが実態である。

（9）

# 情報収集

サステナビリティ部門の業務　第**2**章

　サステナビリティに関する情報は多岐にわたる。また、海外の動向などを早めに察知して備えていくことも重要である。情報収集はサステナビリティ部門の今後の活動方針や計画などを決めるための重要な業務であり、サステナビリティ部門の長が行うべき業務だと考えている。

　情報源としては、日経ESGなどの専門月刊誌、関連書籍、新聞、関連セミナー、各種イニシアチブやNPOとの会合、TED Talk、SNSなどがある。

　日経ESGは月刊誌なのでサステナビリティに関する直近の動きを把握しやすい。例えば、10月の菅首相の50年までの脱炭素化宣言以降、再生可能エネルギーに関する機運が高まっていることを感じる。今年は国連気候変動に関する政府間パネル（IPCC）の第6次報告書の発行も予定されている。報告書の内容やその影響を知る上では、分かりやすい情報源である。

　関連書籍については、数カ月に1度、大きな書店に行って5、6冊まとめ買いをしている。少し深掘りしたい事項について書いてある書籍を買う。コロナ禍なので、最近はアマゾンで買うことも多いが、数ページめくってみて、内容を確認してから買う方が無

105

駄は少ない。

　新聞は、日経電子版でサステナビリティ関連のキーワードで記事検索できる機能があるので、「ESG」などのキーワードを入れて読んでいる。他の企業の動向などが把握しやすい。

　関連セミナーは、以前に比べて非常に増えた感じがする。コロナ禍でオンライン形式になり、参加しやすいのだが、数も増えたので闇雲に参加しないようにしている。私は、セミナーのタイトルに「CSR」や「SDGs」という文字が入ったものは比較的避けている。ビギナー向けや概論的なものが多いのが理由である。

## NPOの会合で海外専門家と交流

　NRIは国内外の多くのイニシアチブにも参加している。そこでの会合も貴重な情報源である。CDPのジャパンクラブなどにも長年加盟していて交流もある。NPOなどとも交流があるが、海外のイベントなどでお会いすることが多く、それがきっかけになっている。その時は、サステナビリティはかなり狭い世界なのではないかと実感する。NPOの会合には、海外から呼ばれるゲストも多く、会合の後に懇親会があることもある。そのような場で海外の専門家と直接、意見交換することもある。

　変わった例を紹介すると、19年の夏頃にNPOの小規模なイベントに、私はパネリストとして招待されたことがあった。同じくパネリストとして海外から招待されていた有名なイニシアチブの代表と懇親会でワインを飲みながら2人で意見交換したのだが、再生可能エネルギーに関する政府の対応に不満を私が漏らしたと

ころ共感していただき少し盛り上がった。

　その翌々日にも、500人以上が参加する大規模なイベントがあって、私は聴衆の1人として参加していた。すると、そのイニシアチブの代表がメインゲストとしてオープニングスピーチを始めた。その中で、ちょっと驚くほど、日本政府に対して手厳しい話をされていた。

　そのイベントには、環境大臣も含め多くの政府関係者が登壇されていたのだが、その方々が、そのオープニングスピーチを受けて「大変厳しい言葉をいただいて…」と前置きしてスピーチするような状態になってしまっていた。その代表は小規模イベントでも少し批判的な話はしていたのだが、そんなに厳しい感じではなかった。もしかすると、あの盛り上がりが勢いづけてしまったのかもしれないと思った。だが、それが代表の本音だったのだろう。変わった例だが、直接、話すというのも本音を聞ける重要な情報源だ。なお、20年10月の管首相の脱炭素化宣言以降、日本政府も積極的に脱炭素化に取り組んでおり、私の日本政府の対応に対する不満は解消している。

　頻繁ではないが、TED Talkなども見ている。サステナビリティ関連の情報は、海外のものが多いが、英語での情報収集は時間もかかるし疲れる。TED Talkなどのビデオならば、短い時間で分かりやすく説明してくれる。たまに日本語字幕がないこともあるが、英語の字幕でもビデオなので、それほど疲れない。

　海外視察の時に、名刺交換した相手とLinkedInなどのSNSで友達になる場合もある。その相手のSNSの発信情報が情報源にな

る場合もある。

　多くの情報を得ることは重要だが情報を鵜呑みにしすぎてもいけない。収集した情報を活用して自分の考えを立証していくことが重要と考えている。

# 3

# サステナビリティ
# 推進室奮闘記

日経ESGの2019年10月号から「元システムエンジニアがTCFDに挑む」と題して、14年からのNRIの環境推進室、サステナビリティ推進室の活動のエピソードを連載している。

CDPのAリスト入りやTCFDへの賛同、DJSI World銘柄への選定など、これまでの活動をサステナビリティ部門の立場からまとめたものだ。紙幅の制限で掲載できなかった記事なども加えた。

## （1） サステナビリティ活動の始まり

# 外部評価分析が
# 第一歩

**外部から高い評価を受ける野村総合研究所（NRI）。
元システムエンジニアは、わずか数年で
どのように評価を築き上げてきたのか。
そのきっかけは日経環境経営度調査だった。**

　現在NRIは、ESG株式指標として有名なDJSI Worldや、年金積立金管理運用独立行政法人（GPIF）が投資先としている4つのESG株式指標の全てで構成銘柄に選定されている。日本経済新聞社の2014年度の環境経営度調査では、通信・サービス業でトップ10入りも果たしている。

　さらに、科学に整合する目標（SBT）や気候関連財務情報開示タスクフォース（TCFD）などの国際的なイニシアチブにも加盟し、サステナブルな企業として知られるようになってきた。

　しかし14年頃は、多くの企業が加盟する国連グローバル・コンパクト（UNGC）にさえ加盟しておらず、ESG株式指標にもほとんど組み入れられていなかった。この連載では、わずか5年という短い期間で、どのように取り組みを進め、外部評価を高めたのかを苦労話も含めてお話ししていきたい。サステナビリティの重要性が高まり、対応に苦慮している企業担当者は多い。その

ような方々の一助になればと思う。

## 役員の一言で始まった

2014年春、私は上司の総務部長と共に企業価値向上担当の取締役の部屋にいた。元システムエンジニアで10カ月前に総務部に異動したばかりの私は、3日前に突然、総務部長に指示され、環境関連の活動について報告をすることになっていた。

話を聞いた取締役は、報告書の内容には触れず「NRIの環境に関する外部の評価があまり良くないようだ」と切り出した。そして「外部評価が悪いと、株価に影響があるようだ」と続けた。取締役の意外な言葉に「環境の外部評価が良いと株価が上がるのですか」と私は思わず反応してしまった。

取締役は「私もよく分からないのだが」と前置きした上で次のように答えた。「株価が上がるわけではないが、環境への取り組みが評価されると中長期的に企業価値が向上し、結果として株価にも良い影響が出て安定するようだ」。この時まで私は環境活動に興味がなかったが、これは意外に面白い仕事なのかもしれないと初めて興味を持った。

「この問題に対処するため、環境の委員会を作ってくれ、私が委員長になる」と取締役は指示してミーティングを終えた。その後、他社で欧州拠点の環境委員会の立ち上げ経験がある役員が副委員長として加わり、委員会が一気に立ち上がった。

## 4つの調査を分析

　委員会の立ち上げ準備と同時に、私は外部評価機関の評価結果とアンケートの回答内容を分析した。当時のNRIの評価結果は、業界でのポジションを考えると決して良くなく、日経環境経営度調査では通信・サービス業で19位だった。

　日経環境経営度調査をはじめ、「東洋経済CSR調査」（東洋経済新報社）、「ぶなの森環境経営度分析」（損保ジャパン日本興亜リスクマネジメント）、「ESG側面の取り組み調査」（日本総合研究所）の4つを選び、2012年度と13年度分の自社の回答内容と評価結果を調べた。最終的には、アンケートの質問項目に対する

■日経環境経営度調査の分析結果

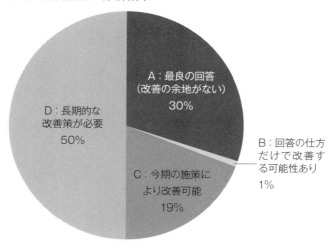

2013年度分のNRIの回答内容と評価結果を分析した

サステナビリティ推進室奮闘記　第3章

## ■2014年度中に実施すべきとして提案した施策

**(1) 環境マネジメント体制**
　・環境推進室の設置及び環境推進体制の公表

**(2) 全社員を対象とした環境教育の実施**
　・全グループ企業の従業員に対する環境教育の実施

**(3) $CO_2$排出量の開示**
　・海外グループ企業の$CO_2$排出量の開示
　・スコープ3による温室効果ガス排出量の公表

**(4) 環境マネジメントシステムのオフィス導入**
　・横浜オフィスにおけるISO14001の認証取得

**(5) 環境コミュニケーションの改善**
　・公式ホームページの環境の取り組みページなどの改善

回答を下記の4つに分類して集計した。

　A：最良の回答（既にベストの回答をしていて、改善の余地がない）

　B：回答の仕方だけで改善する可能性あり（回答の仕方が悪く、評価が悪かったと思われる）

　C：今期の施策で改善可能なもの

　D：長期的な改善策が必要なもの

　左ページのグラフにあるように、日経環境経営度調査では、C（今期の施策で改善可能なもの）が19％、D（長期的な改善策が必要なもの）が50％という結果になった。そして、CとDの回答

113

についての対応策を策定した。同様に他の3つのアンケートを分析すると、結果として行うべき対応は見えてきた。

私は、その結果と実施すべき施策をまとめ、環境推進委員会で報告した。環境推進室の設置や$CO_2$排出量の開示などだ（前ページの図）。

ほとんどの施策が承認され、実行に移された。そして、2014年度の日経環境経営度調査では、通信・サービス業の中で7位を獲得した。前年度の19位から12もランクアップしたことになる。

## 情報開示の重要性

施策を見れば、理解して頂けると思うが、多くは情報公開に関わるものばかりだ。つまり、環境の施策はできていても、公開しなければ評価機関には評価されない。

今、評価機関による評価が良くないと悩んでいる企業の担当者も、同様の分析をしてみると、意外に情報公開不足が理由ということもあるのではないだろうか。

企業のサステナビリティ活動のゴールは、外部評価で高い順位やスコアを獲得することではない。昨今では、事業活動の中で社会課題を解決するCSV（共有価値の創造）などが注目されており、事業戦略の中に社会価値の創造などを組み入れる企業も増えてきている。

しかし、その前に企業は、事業活動が社会に悪影響を与えていないことを示す必要があり、その証明のために評価機関から一定の評価を得ることが重要だと私は考える。

サステナビリティ推進室奮闘記　第 3 章

　どの評価機関に認めてもらうべきかについては、ある程度の見極めは必要だが、一般に評価機関は外部環境の変化を捉え、質問内容や評価基準を変える努力をしている。その評価結果に真摯に向き合って、企業の課題を明確にし、対処していく姿勢は現在も変わっていない。これは、常に問題を分析し、原因を突き止めて対処していくエンジニアの姿勢とも共通するものである。

## （2）グローバル標準の活動へ

# 投資家の評価を
# 左右するCDP

機関投資家からの評価を上げるために
必須と言えるCDPスコア。
CDPの調査に回答することで、
グローバル標準を見据えた活動が可能になる。

　環境マネジメント体制の構築などと同時に私は国内外の環境先
進企業や専門家などへのヒアリングを進めていた。その中で知っ
たのが「CDP」という環境格付け機関だ。世界でESG投資が盛
んになる中、国際的な環境格付け機関として不動の地位を確立し
ており、多くの機関投資家などがESG投資にその情報を使用し
ている。

## 英語での回答に苦慮

　しかし、2014年6月に専門家から、その名を聞くまで、私は
全く知らなかった。専門家によると、環境対応に優れた企業とし
て世界の機関投資家に評価してもらうには、CDPから高いスコ
アを得ることが重要とのことだった。

　実は、CDPは国内の時価総額上位500社にアンケート依頼を
送付していて、NRIも依頼書を受領していた。しかし、それまで

は重要なアンケートと認識しておらず、回答していなかった。すぐにアンケートに回答しようとしたが、残念なことにCDPを知ったのは14年のアンケート回答締め切りの3日前だった。そのため、翌年の15年の回答に向けて準備をすることにした。

国内のアンケートとは異なり、外部のコンサルタントを利用した。理由は、英文で分量が多く、社内だけで対応するには負担が大きいことと、初回のため独自対応ではどう評価されるか分からないという懸念からだった。

コンサルタントからの指摘はいろいろあったが、温室効果ガス排出量を算出して第三者機関による保証を得ることが最も重要であることが分かった。CDPが国内のものと大きく異なる点は、採点基準が明確になっているところだ。各設問で、どのぐらいのレベルで回答すれば、何点になるという配点を開示されていて温室効果ガスの保証で10点近く加点されると明記されていた。

温室効果ガス排出量の保証とは何かが、この時点では分からなかったが、調べていくうちに会計監査のようなものだと分かってきた。逆に分かってくると、保証してもらえるような正確な数値が算出できるのかと不安が募った。

だが、後で紹介する環境マネジメントシステムが正確な数値の算出を可能にした。詳しくは後で述べるが、私が環境関連の業務を担当することになって驚いたのは、温室効果ガスを算出しているエクセルシートが"スパゲッティ状態"で、どう算出しているか分からない状況になっていたことだった。

当時の担当者は理解していたのかもしれないが、他人から見て

分かる状態には思えなかった。そこから誰が見ても分かるような状態にしていく作業に着手したのだが、結果的にこれが数値の保証につながった。数値を保証する第三者機関も、数値をどう算出しているかによって確からしさを検証するからである。

このような準備をして、15年のCDPのアンケート回答の締切日を迎えた。1年前から準備していたのだから締切日よりも早く入力できるように思えるが、15年6月末の締切日までに入力する数値は2014年度が対象になるため、15年3月末以降にならないと数値が集められなかった。つまり、4月から締切りの6月末までの2カ月間に全ての拠点からデータを集めなければならなかった。いろいろと仕組みは準備したものの、結局、回答するのは締切日になってしまった。

現在とは違い、当時は英語で回答している日本企業が多く、当社も英語で回答した。日本語で回答案を作り、それを英語に翻訳

■ESG投資に関するCDPの影響力

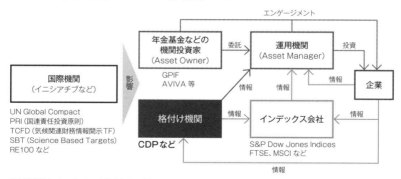

格付け機関やインデックス会社が企業の情報を分析して運用機関に情報を提供している。特にインデックス会社が提供するESG株式指標に合わせて資金運用するパッシブ運用が増えている

した。CDPへの回答作業は担当者が行ったが、締切当日のため、緊急事態などに備えて私も責任者として立ち会った。

締切日の午後5時から開始して遅くとも7時には終わる予定だった。しかし入力し始めると、CDPのシステムの反応が遅い。他の企業も締切りに間に合わそうと入力が殺到しているのかもしれないと思った。さらに、入力文字数制限が作業を遅延させた。事前に各質問項目に明記された入力文字数制限をチェックしていたが、その記述がないにもかかわらず、実際には制限がかかる設問がかなりあった（現在のシステムでは改善されている）。

日本語で入力していれば、その場で柔軟に対応はできるが、英語だと簡単にはいかない。しかも、期限が迫っている。私は焦った。その場で、英文を読み、削除できそうな段落・文などを削除して、ButやThereforeなどの接続詞を入れて体裁を整え、制限内に収まるか否かを何度も試して回答していった。そのため、午後7時までに終わる予定が午後10時を過ぎていた。こんな、てんやわんやで回答したのでは結果も期待できないと、私は気落ちした。

しかし、数カ月後に驚きの結果を知る。CDPのスコアは「100B」。パフォーマンスは上から2つ目のBだったが、開示は満点の100点だった。（当時のCDPのスコアは、開示が100点満点、パフォーマンスがA、B、C、Dで示されていた）。CDLI（環境開示先進企業）の称号もいただいた。適切な英文だったかは定かではないが回答の中身は的を射ていたのだろう。

## CDPで世界の動きを知る

　2019年1月に発表されたNRIのCDPスコアはBと後塵を拝したが、常に重要視している。国際的な格付け機関としてサステナビリティに関わる世界の動きに敏感に反応している組織だからである。

　CDPは、国連グローバル・コンパクト、PRIは、もちろん、SBT、RE100、TCFDなどのイニシアチブにも対応して設問を変えている。つまり、CDPを知ることが世界の動きを知ることになる。もちろん、高いスコアを維持していくことは簡単ではない。CDPをきっかけにNRIの環境推進活動は、グローバル標準を見据えた活動に変わっていった。

| （3） 初のCDP Aリストに | 第 3 章 |

# 決め手は
# RE100とTCFD

SBT認定、RE100署名、TCFD情報開示が
Aリスト入りへの決め手に。
3年間に及ぶ地道な取り組みが実を結んだ。

　NRIは、2020年1月20日、国際的な非営利団体である CDPに
よる19年度の気候変動に関する調査（CDP2019）において、最
高評価の「気候変動Aリスト」企業に初めて認定された。14年の
環境推進室（現サステナビリティ推進室）設立時からの悲願が達
成された。

　NRIは15年度にCDPの情報開示先進企業（CDLI）に選ばれ、
評価ランク「100B」になった。これは情報開示で満点、パフォ
ーマンスでB（上位2ランク目）という評価になる。しかし、16
年度からは情報開示とパフォーマンスの両方を合わせた評価体系
に変わった。16年度は「A-」になったものの、17、18年度は
「B」と他社の後塵を拝していた。

　そして、19年度は2ランクアップし、最高評価ランク「A」を
取得した。今回は「100B」「A-」まで取得していたNRIが「B」
に落ち、そこから「A」に返り咲いた経緯をお話したい。

16年度の評価の「A-」は狙い通りだった。15年度の評価が「100B」だったので、新しい評価体系で同等ならば「A-」になると認識していた。また、評価対象となる前年度（15年度）の温室効果ガスの削減率は13年度比で19.8％もあり、「A-」は確実と予想していた。

## 「B評価」に甘んじた2年間

　問題は17年度だ。16年度に回答した内容とは大きく変わっていなかったが、温室効果ガス削減率は、13年度比で26.9％と、15年度に比べ7.1ポイントも改善しており、「A-」は獲得できると過信していた。

　しかし、結果は「B」。予想外だった。17年度の上期はCDPなどの評価機関への対応に人も時間も割けない状態だった。だが、少しCDPの評価を甘く見ていたのも事実だ。DJSI（Dow Jones Sustainability Indices）などのESG株式指標にも影響が大きいCDPの評価を落としてしまうのは本末転倒の事態である。前年度と同じような回答していては同じ評価は得られないというCDP評価の洗礼を受けた。

　CDPは世界情勢に応じて評価基準が変わる。15年12月にパリ協定が採択され、16年から「Science Based Targets（SBT）」も本格的に始まって、17年には気候関連財務情報開示タスクフォース（TCFD）の最終提言も発表された。このような状況の中、企業が将来にわたって温室効果ガス削減にコミットする姿勢をCDPはより強く求めるようになり、評価基準に組み込まれた。

一方、NRIはSBTの認定取得が遅れていた。16年2月の署名から悪戦苦闘を経て2年半後の18年9月にようやく認定された。しかし、18年度のCDP評価の期限には、あと少しのところで間に合わず、17年度に続き18年度の評価も「B」になった。

19年度のCDP評価に関しては、SBTの認定が取れ、さらにTCFDの対応にも着手していたことから、「A-」ランクの評価は確実と見込んでいた。しかし、過去2年連続のBランクという失態から、これだけでは「A-」の獲得には不十分かもしれないという不安を感じていた。前年度の悔しさが入り混じった感情の中で、更なる対策として考え出したのが、遅くても50年までに事業で使用する電力を100%再生可能エネルギー由来で賄うことを目指す「RE100」への署名だった。

それまで、RE100への署名は、担当の常務が時期尚早と判断していたし、私もその考えに納得していた。しかし、実質的にはSBTとの大きな差はない。SBTの目標は50年までの温室効果ガス排出量ゼロが基準であり、その中間段階の目標としてふさわしいことが認定の鍵となる。

そこで、私は常務を説得しRE100の署名に向けて準備を進めた。以前からSBTの認定に向けて環境目標の改定を何度も審議していたためか、幸いにも経営陣からの異論はなくRE100の署名は機関決定された。そして、RE100の署名を行い、19年2月に開催したESG説明会で公表した。また、TCFDのシナリオ分析結果も発表し、19年度の統合レポートにも掲載した。

そして、ついに19年度（CDP2019）の評価で予想していた

■環境マイルストーン

| | 2015年度 | 2016年度 | 2017年度 | 2018年度 | 2019年度 |
|---|---|---|---|---|---|
| 世界情勢 | ▲2015/12 パリ協定採択 | | ▲2017/6 TCFD最終提言 | | |
| NRI活動 | | ▲2016/2 SBT署名 | SBT認定審査 | ▲2018/9 SBT認定 ▲2018/7 TCFD署名 TCFDシナリオ分析 ▲2019/2 RE100署名 | ▲2019/7 TCFD開示 |
| GHG削減率 | △19.8% | △26.9% | △30.0% | △38.2% | 2013年度比 |

■NRIのCDP評価ランクの変遷

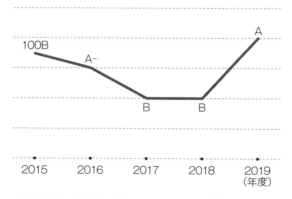

GHG削減率：温室効果ガス（Green House Gas）削減率

「A-」ではなく最高評価の「A」を獲得した。

## SBTは必須条件に

18年度の「B」から2ランクアップして「A」に昇格したのは、SBTの認定取得、RE100への署名、TCFDシナリオ分析結果の開示の3つが大きく寄与したと分析している。

SBTについては、CDP2019のAリスト企業のうち71.1％が、Aリスト常連企業では75％が認定を取得している。RE100については、CDP2019のAリスト企業のうち31.8％が、Aリスト常連企業では25％が署名している。

TCFDは、CDP2019のAリスト企業もCDP常連企業も、ほぼ100％が署名している。TCFDシナリオ分析の情報開示は、各社の開示レベルが違うため分析は難しいがRE100の署名と同じような傾向にあると推察している。

つまり、SBTの認定はCDP Aリスト入りへの必須要件で、RE100の署名とTCFDシナリオ分析結果の開示が勝敗を左右したと考えられる。

しかし、20年度を考えた場合、この3つの要件が満たされていたとしても油断はできない。SBT認定も「2℃目標」から、「Well below 2℃」「1.5℃」などの新しい認定基準が出てきている。

今後は、これらの認定も取らなければならなくなるだろうし、TCFDシナリオ分析結果についても財務的インパクトの開示などの質が問われるだろう。NRIは15年度にCDLIに選定されたのにもかかわらず、17、18年度とBランクに甘んじた。また、同じ

轍を踏まないよう、今後もSBTやTCFDに果敢に取り組んでい
きたい。

| (4) EMSの導入 | 第 3 章 |

# 「実質」重視の
# システムに

機関投資家からの評価に重要なCDPスコアに
大きく影響するのが環境データ保証だ。
EMSをはじめとする環境データを収集する仕組みが
重要な役割を果たす。

　NRIは、データセンターに国際標準の環境マネジメントシステム（EMS）であるISO14001を導入する一方、本社などのオフィスには独自の「NRI-EMS」を導入している。

　当初、専門家などにいろいろ聞いたが、EMSが本当に必要なのかよく分からなかった。そこで主要オフィスの1つに、外部のコンサルタントの支援を受けながらISO14001をトライアルで導入することにした。

## 必要なドキュメントに絞る

　導入してみて、EMSが持つ重要な役割を2つ認識した。1つ目は環境法令の順守であり、2つ目は正確なデータに基づいたPDCA（計画-実行-検証-改善）の実行だ。環境目標を立て、関連する実績データと照合して、目標達成に向けた努力結果を自己評価し続ける。

127

半面、多量のドキュメントが発生した。「こんなにドキュメントが必要なのでしょうか、重要でないものもあるように思いますが」とコンサルタントに尋ねると「外部監査の審査員の中には、重箱の隅をつつくような質問をする方もいます」という答えが返ってきた。

　私は、外部監査を通すためにあらゆることを想定して過剰な準備をしているのではないかという疑念を抱いた。実際、当時の外部監査の審査員は、重箱の隅をつつくような質問はせず、質問や指摘も適切だった。

　結局、EMSの重要性は認識したが、外部監査が必須のISO14001の導入は見送り、独自のNRI-EMSを構築することにした。独自と言っても、必要なドキュメントだけを残すように簡素化しただけだ。外部監査をしないこと以外ISO14001との違いはほとんどない。

　組織横断でEMSを運用するには、プロセスや体制なども含めて組織内で定義し、ルールの通りに実行することが不可欠だ。さらに、正確なデータを収集するには、そのための仕組みが必要になる。NRIには、エクセルを使った環境データの集計の仕組みがある。

　だが、前にも述べたように当時の環境データは"スパゲッティ状態"だった。調べていくうちに、その原因が分かってきた。

　環境データの提出を求める調査には、「日経環境経営度調査」や経済産業省の「省エネ法に基づく定期報告」、東京都や横浜市といった自治体への報告などがある。求められる環境データは、

■環境データマスタと拠点集計票

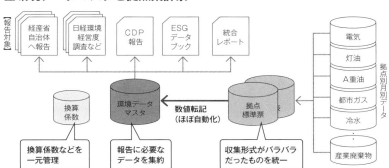

　温室効果ガス排出量やその算出の基になる電気使用量のデータなどだ。しかし、調査ごとの違いは意外に多い。

　例えばデータの対象範囲だ。日経環境経営度調査などでは、連結対象も含めた会社全体の温室効果ガス排出量が求められる。海外現地法人などの排出量も対象になる。一方、経産省や自治体への報告は、国内やその地域に限定される。また、経産省の報告は、単体と連結が選択できる。

## エクセルでの管理で十分

　それまでNRIでは、各拠点が電気料金の請求明細などから電気使用量を計算し総務部に送付していた。経産省への報告をまず作り、それを基に他の調査用にデータを加除するという方法だ。しかし、環境データの継ぎ接ぎによって、スパゲッティ化を引き起こしていた。

　さらに、もう1つ問題があった。いわゆる素データが集められ

ていなかった。調査によっては、各拠点から温室効果ガス排出量だけが集められていた。これでは、算出に使用した電気使用量や換算レートが分からない。また、年次だけで月次の数値がないものもあった。これだとデータの信ぴょう性も疑わしい。少しお恥ずかしい話かもしれないが、古くから廃棄物管理などを徹底していた製造業などと異なり、NRIのようなサービス業では経験が浅く、起こり得ることだと思う。

　問題点を把握したところで、各調査の質問項目をしらみつぶしに調べた。そして調査項目を横軸、拠点を縦軸にしたエクセル表を作成して「環境データマスタ」と名づけた。この1枚のシートがあれば、ほぼ全ての調査に回答できる。

　環境データマスタを作るには、各拠点のデータを統一したフォームで収集するためのシートが必要になる。マスタの調査項目をベースに必要項目を列挙し、月次で素データを入力するシートを作成して「環境データ拠点標準票」と名づけた。各拠点から拠点標準票を集めて、1つのブックにまとめた。温室効果ガス算出で使用する換算係数なども1つのシートで一元管理した。

　拠点標準票から環境データマスタのデータを生成する作業は、中間処理的なシートやマクロなどを駆使してほぼ自動化しており、転記ミスを起こしにくい仕組みにしている。1人の担当者が四半期単位に全拠点のデータを集計しているが、拠点標準票が集まれば、検証作業も入れて半日ぐらいで作業は終わる。

　「エクセルで管理しているのですか」と驚かれることがあるが、今のところ専用システムを構築する必要性を感じていない。各拠

点での集計作業の重複と、算出根拠の不明瞭さという問題は解決できた。

　逆に、システム化しても四半期に1回の担当者の作業がなくなるだけで、さらなる効率化は見込めない。むしろ、システム化すればセキュリティー対策や維持管理に費用がかかる。加えて、調査が増えたり、変わったりした場合にも、今の仕組みの方が柔軟に対応できる。

　前に紹介したCDPの回答において最も重要なデータ保証で、この仕組みは大きな役割を果たした。第三者機関に拠点標準票と環境データマスタを渡せば、保証に必要なデータは揃う。実際の電気料金の請求書などの証跡との照合は必要になるが、これも証跡と拠点標準票を照合すればよい。EMSによって環境データを収集する体制と仕組みができていれば、CDPのデータ保証もそれほど大変ではない。

## （5）環境目標の設定

# 2030年度に GHG排出量 55％削減へ

GHG排出量の推移などから将来推計する
フォーキャスト的アプローチと国際基準を念頭に置いた
バックキャスト的アプローチを併せて決定した。

　NRIは2018年2月16日、「30年度までに13年度比で温室効果
ガス（GHG）排出量を55％削減」「データセンター（DC）での
再生可能エネルギー比率を36％までに高める」などの環境目標
を発表した。最近、環境目標を設定しようとしている企業の方な
どから、どのように環境目標を設定して機関決定したのかという
質問を受けることがある。今回はこの目標を設定した経緯をお話
したい。

　NRIが環境目標を初めて発表したのは16年1月だった。15年
12月の気候変動枠組条約のCOP21でパリ協定が採択され、気候
変動に対する問題意識が国際的に高まり、企業に対して温室効果
ガスの削減目標を求める機運が高まっていた時期だった。

　このときはどのぐらいの目標が適正なのかよく分からなかった
がNRIでは独自の環境マネジメントシステム「NRI-EMS」を導
入してから1年ほどが経過した時期で、NRIが排出している温室

効果ガスの排出量については正確に測れていた。その推移を見て13年度から14年度にかけてGHG排出量が7.1％も減っていることに気づいた。理由は13年頃から進めている新しいDCへの移行によるものと推察された。

## データセンター移行で39％減

　近年、ブレード・サーバなどの集積率の高いサーバが登場し、単位体積当たりに発生する熱量や使用する電力量が大きくなり、旧来型の空調設備や電源設備では対応しきれなくなってきている。DCでは大量の電力を受電する特別高圧受電設備があり、この更新なども考えると、旧来のDCを改修するより新たにDCを構築する方が安上がりと言われている。そのためNRIでも新しいDCにシステムへの移行を進めていた。新しいDCは空調設備などの省エネ性能が一段と向上していた。空調などに必要な電力の増加はコスト増につながる。省エネ設計は当然のことだろう。

　そこで、私は12〜14年度の旧来のDCのGHG排出量と新しいDCのGHG排出量を比較することより、少なくとも45％以上の削減効果があると推定した。新しいDCに移行するだけでGHGを45％も削減できるのかと驚く人も多いだろう。しかし、これは新しいDC設備の性能だけの効果ではない。

　通常、大規模なシステムを移管する場合、それまで使用していたサーバを新しいDCに移動させることはない。なぜなら、サーバを移動させている間はシステムを停止しなければならないなどの問題が発生するからである。そのため、通常は、移転先のDC

に新しいサーバを設置し、事前にシステムを導入しておいて、ある段階で切り替えて移行する。これにより同じシステムでも移行後のサーバは新しくなる。つまり、削減効果の45%には新しいサーバの省エネ効果も含まれている。

　サーバの高集積化により単位体積当たりで発生する熱量や電力使用量が増えるのに、なぜ省エネ効果が出るのかと不思議に思う方もいるかもしれないが、単位体積当たりの処理能力はそれ以上に増加している。分かりやすく言うと、4台のサーバで稼働していたシステムが高集積化で1台のサーバで稼働できれば、1台当たりの電力使用量や発生する熱量が2倍になっても、実質的には使用電力や発生する熱量は2分の1になるということだ。

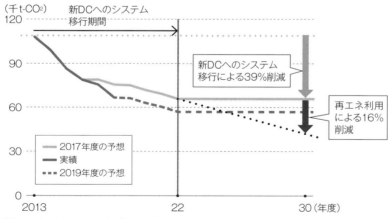

■NRIグループの温室効果ガス予想排出量

新しいデータセンター（DC）への移行と再エネの活用で55%削減を目標に据えた

## 再エネ調達でSBT対応

　将来のDCの電力使用量は、事業計画に基づき予測されていた。しかし、この45％の削減効果は見込まれていなかった。そこで、私は、この電力使用量の予測に45％の削減効果を加えて、システム移行が完了する22年度までのGHG排出量削減効果をはじき出した。すると、22年度に13年度比で36％削減できることが分かった。

　しかし、16年1月に発表した初めてのNRIの環境目標は、「22年度に13年度比で25％削減」という保守的なものになった。日本政府の目標が30年に13年比で26％減であることから、8年も早い22年度にほぼ同じ25％を目標にすれば十分だろうという判断だった。

　だが、この目標は翌16年度にあっけなく達成してしまった。そのため、新たな環境目標を設定することになった。このときScience Based Target（SBT）の認定を取得しようとしていたので、新たな環境目標はSBTの基準に合致するものにしたかった。SBTの基準では「30年度にGHG排出量を13年度比で55％以上削減」が必要だった。

　実績に基づいて再計算したところシステム移行で39％削減できることが分かったが、55％の削減には足りない。そのため、残り16％の削減策として再生可能エネルギー由来の電力の調達が必要だと考えた。SBTからもGHG排出量が多いDC事業での原単位目標（事業行為などにより発生する負荷量を算定するため

に用いる係数目標）を求められていた。

　そこで、システム移行での削減率を39％として、55％の削減目標を実現するために再生可能エネルギーの割合をいくらにすべきかを逆算した。その結果、DCでの再生可能エネルギー比率を36％すれば達成できることが分かった。そして、それを原単位目標とした。

　NRIの環境目標は異論もなく機関決定が進んだ。当面は新しいDCへのシステム移行により排出量の削減が見込めるというフォーキャスト的なアプローチを採用し、将来的には再生可能エネルギーによる削減を追加するというバックキャスト的なアプローチを採用した。2段階で策定した環境目標が経営陣に受け入れやすかったのではないかと考えている。

　その後、NRIのGHG排出量はさらに減り、18年度で13年度比38％の削減を達成した。再計算するとシステム移行だけで22年度までに47％削減できると分かった。だが、22年度までに再生可能エネルギーの調達は必須として、目標は変えなかった。

　環境目標をどのようにすべきか悩んでいる国内企業も多い。そのような企業には、GHG排出量を正確に把握して過去の推移を見ることが削減策のヒントになるかもしれない。また、SBTなどの国際基準を満たす環境目標に対してバックキャスト思考で再生可能エネルギーの調達を進めていくことも重要だ。まだ、国内では再生可能エネルギーの調達に関わる課題は多い。しかし、それを理由に環境目標の設定を怠れば、国際社会から取り残されることになる。

| （6）SBT認定までの長い道のり | 第 3 章 |

# スコープ3の落とし穴

SBTへの署名から認定まで
2年半もかかってしまった。
スコープ3の計算方法が実態を
反映しづらかったことが大きな要因だ。

　NRIは2016年2月末に「SBT（Science Based Targets）に署名した。にもかかわらず、認定まではそれから2年半を要してしまった。

　SBTは、企業が策定する温室効果ガス（GHG）の削減目標が15年のパリ協定で採択された2℃目標（現在は2℃よりも十分に低い水準と1.5℃目標）に合致しているかを認定するものだ。

　開始当時、他社の削減目標を調べると、削減率や基準年、目標年などがバラバラでどれが適切なのか分からなかった。企業の削減目標を公平に評価するSBTは、NRIの目標の適切さを示すものになると思えた。

　加えて、環境性能の高い新データセンターへの移行などによるGHG排出量の大幅な削減が見込めたため、問題なく認定されると楽観していた。しかし、思いがけない落とし穴があった。「スコープ3」（サプライチェーンでの排出、次ページの表参照）だ。

137

**■温室効果ガスの排出量の分類**

| スコープ1 | 自社で燃料を使用した際の排出 |
|---|---|
| スコープ2 | 購入したエネルギー（主に電力）の使用に伴う排出 |
| スコープ3 | 原料調達・製造・物流・販売・廃棄などサプライチェーンでの活動に伴う排出。「購入した製品・サービス」や「輸送、配送（上流・下流）」など15のカテゴリーがある |

## 計算方法によって大きな差

　NRIの主な事業はコンサルティングとシステム開発のため、GHGはほぼ電気の使用によって排出する。電気使用量の8割をデータセンターが、残りの2割をオフィスが占める。オフィスではNRIグループだけでなく、協力会社の従業員もシステム開発に従事している。協力会社の従業員の約半数がNRIのオフィスで、残りが協力会社のオフィスで働いている。

　スコープ3の排出量は、主に協力会社のオフィスで働く従業員が使用する電気であり、NRI社内の排出量であるスコープ2などに比べてそれほど大きくないはずである。しかし、基準年度（2013年度）の排出量を見るとスコープ3が56.2％も占めていた（右ページのグラフ）。

　特にスコープ3のカテゴリーの1つである「購入した物品・サービス」が26.6％も占めている。これはほとんど協力会社の従業員が協力会社のオフィスで使用する電気だが、実態に合っていない。

　というのも、NRIのオフィスで排出されるGHGは9.6％で、そ

138

サステナビリティ推進室奮闘記　第 3 章

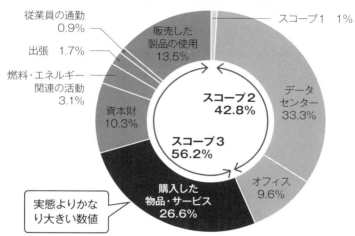

■基準年（2013年）の温室効果ガス排出量の内訳

システム開発に適した換算レートがなく、スコープ3の「購入した物品・サービス」が実態よりも大きな数値になってしまった

のうち協力会社の従業員が排出するのは4分の1の2.4%にしかならない。これに対し、協力会社のオフィスで働く従業員はほぼ同数なのに、排出されるGHGは26.6%になってしまう。つまり1人当たりのGHG排出量がスコープ2とスコープ3で10倍以上も違ってしまっていたのだ。

　この原因はGHG排出量の計算方法の違いによるものだ。スコープ2は社内の排出量なので電気使用量などの実測値に基づいて算出する。しかし、スコープ3は取引額や排出原単位などを使って算出する。「購入した物品・サービス」は協力会社との取引額に基づいて算出していた。

詳しく言うと、GHGプロトコルなどのガイドラインで認められている「取引額からGHGを算出する換算レート」を使用していた。しかし、この換算レートにシステム開発を想定したものがなく、一般的なサービス業のものを使わざるを得なかった。システム開発は比較的人件費が高く、取引額が大きくなってしまったため、実態よりも排出量が大きくなっていたのだ。さらに、取引額をベースにした削減率を目標にすると、削減に向けた企業努力が反映されなくなってしまう。これらの課題を解決するための挑戦が始まった。

　SBTの規定では、全体のGHG排出量の中でスコープ3が占める割合が40％未満の場合はスコープ3の目標を設定する必要はない。実態に合ったスコープ3を算出すればこの規定内に収まるのではないかと考え、様々な方法を試してみた。

　例えば、NRIのオフィスで働く協力会社の従業員の1人当たり排出量を協力会社のオフィスで働く従業員にも当てはめ、スコープ3の割合を減らすように試みた。しかし、内容が複雑になり、SBTの事務局への説明などにも時間を要した。SBTへの署名から既に1年半以上が経過していたが、結局、第三者の保証を取得してCDPに提出したデータ以外の数値を使用することをSBTに認めてもらえなかった。もちろん、保証データの変更も考えたが、今度はデータ保証をしている第三者機関が基準に合わないものとして認めてくれなかった。

## 他社の先行事例が参考に

　デッドロックの状態に陥ってしまい、多くの日本企業に認定で先を越されてしまったが、解決策はその中にあった。スコープ3のGHG削減目標ではなく、サプライチェーンの企業に削減目標を設定してもらうという目標を掲げている企業があった。これなら、実態に合わない数値を使わずに済む。

　ただ、多くの取引先の協力を得る必要がある。削減目標を設定する意義などを理解してもらうために、サステナビリティに関する世界の動向やGHG削減目標の必要性を説明して意見交換を行うダイアログを続けた。そして、サプライチェーンの7割以上（取引額）に削減目標を設定してもらうことなどをスコープ3の目標として提出して、2018年9月にSBTの認定を取得した。

　2年半以上もかかってしまった原因は、私が実態を反映したスコープ3の目標設定にこだわったことだろう。他社の目標などに広く目を向けて自社に適した方法を見つけていれば、もっと早く認定されていたかもしれない。

　SBTの認定でスコープ3で苦労している日本企業は多いと聞く。スコープ3は実態に合わないものもある。だが、そこはSBTも承知していて、スコープ3の目標を柔軟に捉えていると感じた。この点を踏まえて取り組む必要があるだろう。

　他にも社内での機関決定やSBTとのやり取りなど難題は多数あった。この経験から言えることは、自社の事業を知る従業員がSBTの指摘に諦めず対応していけば道は開けるということだ。

## （7）SBT1.5℃目標への挑戦

# 認定を取得、
# 再エネの本格導入へ

世界の2℃目標から1.5℃目標へのシフトが
国内にも波及している。
日本政府の脱炭素化宣言を機に
再生可能エネルギーの調達を本格化する。

　2019年10月、私はNRIのサステナビリティ推進委員会の委員長を務める常務とポルトガルのリスボンで開催された「持続可能な開発のための世界経済人会議」（WBCSD）の会合に参加した。

　オープニングスピーチで、ピーター・バッカーCEOが「Business Ambition for 1.5℃」への賛同を訴えた。国連グローバル・コンパクト（UNGC）、Science Based Targets initiative（SBTi）、We Mean Businessの3者が今後の気温上昇を1.5℃に抑える目標を設定するよう企業に要請する共同書簡である。

## 常務が「早く署名しないと！」

　私が、初めて、その共同書簡の名を聞いて驚いていると、隣に座っていた常務から「聞いてないぞ、早く署名しないと！」と突っ込みを入れられた。これまで、UNGC、SBTi、RE100、TCFDなどへの署名や賛同を経営層にお願いしてきたが、まさか、逆に

役員から早く署名しろと突っ込まれるとは思わなかった。

　リスボンから戻り、すぐに署名の手続きを進めたが、広がる新型コロナウイルス感染症の影響などから社内調整が遅れた結果、署名は20年5月になった。それでも日本企業としては5社目だった。この時、世界では200社を超える企業が署名していた。18年の気候変動に関する政府間パネル（IPCC）の1.5℃特別報告書の発行を機に、世界では2℃目標から1.5℃目標へのシフトが進んでいる。世界のサステナビリティ先進企業の多くが加盟するWBCSDが、共同書簡への賛同を促すのは当然だ。このような世界の動きの中、NRIも環境目標を改定してSBTiから1.5℃の認定を取得しなければならないと私は思った。

　18年9月にNRIは「温室効果ガス排出量（スコープ1とスコープ2）を30年度までに13年度比で55％削減する」「データセンターの再生可能エネルギー利用率を36％にする」などの環境目標を掲げ、SBTiから2℃目標の認定を取得した。しかし、1.5℃の認定を取得するためには、事前の確認で温室効果ガス排出量の70％近くを削減しなければならないことは分かっていた。

　これまでの55％削減でも再エネの調達が必須だ。さらに15％アップの70％削減となれば再エネの調達量も倍近くになる。しかも、目標年度の30年度まで残り10年もない。また、データセンターで大量の電力を消費するNRIでは、再エネ由来の電力を長期的かつ安定的に調達することが必須だが、再エネ由来の電力の供給量が乏しい国内の電力市場では価格高騰の不安もある。

　たとえ1.5℃目標に賛同していても、具体的な目標数値を見る

143

と、経営陣も二の足を踏む可能性もあるだろうと懸念し、機関決定するタイミングを計っていた。

そのような中、20年10月、菅首相が所信表明演説の中で、温室効果ガス排出量を50年までに実質ゼロにすると宣言した。以降、国内でも脱炭素化への動きが活発化している。政府も脱炭素化投資促進税制などにより、企業の脱炭素化への動きを後押ししている。

そこで、20年11月頃からSBTiとの調整を始めた。

SBTiでは、審査依頼をする前に企業が設定した環境目標が2℃目標や1.5℃目標に合致しているかを確認してもらえる非公式審査というものがある。2℃目標の認定の時は、非公式審査で策定した環境目標がSBTiの基準を満たしているかを確認した後に機関決定をして、SBTiに公式審査を依頼して認定を取得した。しかし、2℃目標から1.5℃目標への変更では、この非公式審査はできなかった。SBTiからはスコープ1と2に関する環境目標の改定の審査だけで1.5℃目標への認定ができ、基準年度の変更も不要と言われた。非公式審査を行ってもらうには、基準年度の変更を行った上で、スコープ3に関する目標も含めた全ての環境目標を審査し直すことになると言われた。

## 過去の苦い経験を糧に

素直に考えれば、機関決定をしてからSBTiに改定の公式審査を依頼すれば問題ない。

しかし、過去の経験から、そのやり方には不安があった。なぜ

144

なら、公式審査で通らなかった場合に、もう1度、機関決定をやり直さなければならないからだ。2℃目標の審査の時に、それを繰り返して認定までに2年もかかった苦い経験があった。しかし、先に公式審査を依頼して認定されてしまうと機関決定できなかった場合に問題となる。

そこで、SBTiには、公式審査を通過してもNRIの機関決定までは認定を待ってほしいと依頼した。するとSBTiはその依頼を了承してくれた。

NRIは、30年度の温室効果ガス排出量を55％削減するという目標を70％削減に、さらにデータセンターの再エネ利用率の目標を36％から67％に引き上げて、21年2月にSBTiに審査を依頼した。しかし、審査の結果、温室効果ガスの排出量は70％削減では不十分で72％に変更が必要との回答が返ってきた。すぐに温室効果ガス排出量の目標を72％削減に、データセンターの再エネ利用率を70％に変更した。機関決定後、SBTiに再審査を依頼して認定を取得した。NRIは1.5℃目標が認定された21番目の日本企業になった。

「日経ESG」2020年10月号に、東京電力が30年に温室効果ガスを半減するとの記事があった。実際にそうなれば、NRIが努力しなくても目標を達成できるという意見もある。しかし、10年という短い期間で温室効果ガス排出量を半減するには原子力活用などの問題も多く、簡単に進むとは思えない。他力本願な考えは捨てるべきだろう。

NRIは1.5℃目標という野心的な目標にまい進していかなけれ

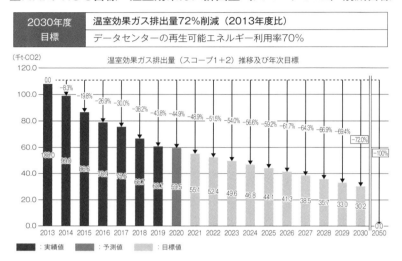

ばならない。これから、再エネを本格的に調達するフェーズに入るが難題ばかりだ。しかし、気候変動問題において、地球の将来は、この30年までの9年間で決まるとも言われている。サステナビリティ経営を標榜する企業としては、この難題を乗り越え、この目標を死守しなければならない。

今回の1.5℃目標に関しては、図の示す通り30年度までの年度ごとの削減目標も開示した。これらの目標は、あくまで30年度に向けての最低ラインの削減目標である。NRIはそれよりも前倒しで達成すべく、全社を挙げて取り組もうとしている。

| （8）　事業会社初のグリーンボンド発行 | 第 3 章 |

# セカンドオピニオンの評価を上げる

グリーンボンドの発行に向け、
セカンドオピニオンの評価向上に挑む。
財務とサステナビリティの両部門が
連携すれば難しくはない。

　2016年9月にNRIは、日本の事業会社で初となるグリーンボンドを起債した。私が所管する環境推進室（当時）が中心となって実現した。

　16年6月初旬、サステナビリティと財務を担当する常務から突然、「今月中にパリに行け」と言われたことが始まりだった。この時すでに経理財務部がグリーンボンドの発行準備を進めていた。ところが、担当者が入院してしまった。

　さらに問題が起きていた。グリーンボンドの発行には、資金使途や発行体（グリーンボンドを発行する企業）がグリーンであることを認める評価機関のセカンドオピニオンが重要だ。だが、その暫定評価の結果が芳しくなかったのだ。

　発行日は16年9月に決まっていた。そこから逆算すると6月末までに評価を確定しなければならない。残り1カ月しかなく、しかも評価機関の本部はパリにあった。直接、評価機関と調整しな

147

ければ間に合わないというのが「パリに行け」の真意だった。経
理財務部の支援の下、環境推進室でグリーンボンドの実現を引き
継ぐことになった。

## 暫定評価に満足せず

　グリーンボンドの資金使途はNRIが入居予定の横浜野村ビルの
一部を信託財産とする信託受益権の取得と当該ビルへの設備投資
だった。

　NRIのコーポレート・ステートメントである「未来創発」に沿
って、国内のグリーン投資の活性化を促し、持続的な未来社会の

■NRIグリーンボンド概要

発行日　：2016年9月16日
期間　　：10年
発行総額：100億円
利率　　：0.250%

[資金使途]
　横浜野村ビルの一部を信託財産と
　する信託受益権の取得資金及び当
　該ビルに係る設備投資資金に充当

[信用格付]
　AA－（格付投資情報センター）

[セカンドオピニオン]
　【最終評価】(Vigeo EIRIS)

[グリーンボンドアセスメント]
　GA1（最高位）(格付投資情報セン
　ター)

実現をリードするためにグリーンボンドを発行したいというのが常務の思いだった。資金使途の対象を他社が追随しやすいオフィスビルにする一方で、厳格なお墨付きを得るために審査が厳しいと言われる国際的評価機関にセカンドオピニオンを依頼していた。

セカンドオピニオンは、発行体の評価と資金使途の目的となるプロジェクトの評価に大別され、プロジェクトは建設段階と運用段階に分かれていた。さらに、それぞれで環境、社会、ガバナンスの視点から一定の水準を満たさなければならない。

暫定評価でも、4段階で下から2番目の「限定的」の評価になった項目はあったが、発行の条件は満たしていた（次ページの表）。しかし、常務はグリーンボンドを発行する日本企業への指針になりたいという思いから、評価に納得していなかった。

私は、評価が「限定的」となった原因を探ることにした。セカンドオピニオンの評価は質問票形式になっていたので、その回答と添付資料をくまなく調べた。資金使途の対象となる横浜野村ビルは「CASBEE」や「LEED」などの建築物の環境認証を取得予定で高い環境性能を誇っていた。その一方で、運用段階に関する質問には「未定」という回答が目立ち、根拠になる資料も乏しかった。

前任者は、建設段階の質問は建設会社に、運用段階はビルを管理する不動産会社に回答を依頼していた。しかし不動産会社は、メインテナントであるNRIの入居前に運用段階のことを決められず、多くの質問に「未定」と回答せざるを得なかった。

運用段階の回答の見直しに威力を発揮したのが、NRI独自の環

149

**■セカンドオピニオンの評価の変化**

【暫定評価】
発行体の評価

| 分野 | 評価 | |
|------|------|---|
| 環境 | ○ | 良好 |
| 社会 | ○ | 良好 |
| ガバナンス | △ | 限定的 |

プロジェクトの評価

| 分野 | 評価 | |
|------|------|---|
| | 建設段階 | 運用段階 |
| 環境 | ○ 良好 | △ 限定的 |
| 社会 | ○ 良好 | △ 限定的 |
| 地域社会貢献 | ○ 良好 | △ 限定的 |
| ガバナンス | ○ 良好 | △ 限定的 |

【最終評価】
発行体の評価

| 分野 | 評価 | |
|------|------|---|
| 環境 | ○ | 良好 |
| 社会 | ○ | 良好 |
| ガバナンス | ○ | 良好（国内基準） |
| | △ | 限定的（国際基準） |

プロジェクトの評価

| 分野 | 評価 | |
|------|------|---|
| | 建設段階 | 運用段階 |
| 環境 | ○ 良好 | ○ 良好 |
| 社会 | ○ 良好 | ○ 良好 |
| 地域社会貢献 | ○ 良好 | ○ 良好 |
| ガバナンス | ○ 良好 | ○ 良好 |

評価：◎先進的、○良好、△限定的、×劣る　の4段階

境マネジメントシステム「NRI-EMS」だった。主要なオフィスビルに導入しており、横浜野村ビルでも導入予定だった。既存ビルでの運用を参考に「未定」の項目を埋めていった。

## 日本企業にガバナンスの壁

　ある程度準備が整ったところで、私がパリに向かうことを評価機関に打診すると「まずテレビ会議をしたい」と返答が届き、1週間後に設定された。回答の見直し案と関連資料を先方に送り、万全を期してテレビ会議に臨んだ。

　まず、私はプロジェクト運用段階の暫定評価は、全て「良好」が適切だと主張した。すると、審査官は、私の資料をよく読んで

いたようで、意外にも私の主張を認めてくれた。

　しかし、発行体のガバナンスの評価に関しては、先方から「限定的」にならざるを得ないとの説明が続いた。強硬な姿勢ではなく、丁寧に私を説得しているようだった。

　女性役員が少ないことや、日本特有の監査役会設置会社であるなど、個別企業というより日本企業全体の問題を指摘された。私が「日本企業でガバナンスが『良好』になる企業があるのか」と質問すると審査官は「ないだろう」と答えた。この時、評価結果を覆すのは難しいと思ったが、受け入れてしまうと今後、この評価機関にセカンドオピニオンを依頼する日本企業のガバナンスが全て「限定的」になってしまう。会議の終わりに、審査官に「NRIの審査結果が今後の基準になるので、日本の法令・制度などを調べた上で慎重に判断してほしい」とお願いした。

　ガバナンス項目以外は合意できたので私のパリ出張は消滅したが、最後のお願いが効いたのかガバナンス評価は特別なものになった。国際基準と国内基準の2つで評価してくれたのだ。NRIは国際基準では「限定的」となったものの、国内基準では「良好」になった。

　グリーンボンドの発行には、セカンドオピニオン以外に適正な資金管理やレポーティングも必要になるが、まずはセカンドオピニオンなどの外部評価の取得が先決である。今は国内での取得が可能だ。財務部門とサステナビリティ部門が連携して進めれば難しくはないだろう。

　日本では再生可能エネルギーの利用に関わる課題が他の先進国

に比べて大きい。グリーンボンドの発行拡大で解決することを期
待したい。

| | (9) DJSI World選定への挑戦 | 第 3 章 |

# 選択と集中、弱点分析で突破

サステナビリティ推進室発足から
2年でDJSI World選定を達成した。
リソースの選択と集中、
同業他社とのベンチマーク分析が鍵に。

NRIは、ESG株式指標で最も歴史があり権威のあるDow Jones Sustainability World Index（以降、DJSI World）の銘柄に2018年と2019年の2年連続で選定された。

## 社内のリソースを集中

2016年10月に環境推進室とCSR推進室が合併してサステナビリティ推進室になり、私が所管することとなった。この時、私は3年以内にDJSI Worldの銘柄に選定されることを目標に定めた。早速、動き出したが、簡単ではなかった。

室の合併を機に企業経営に社会価値創造を組み込むための委員会の立ち上げなど、新しい仕事が増えた。そのため、DJSIのアンケート対策については、人も時間も割くことができず、アンケート回答の締め切り3カ月前の2017年3月末まで、ほとんど手付かずの状況だった。

DJSIのアンケートを印刷すると100ページ近くになる。海外赴任の経験はあったが、専門用語の多い長大な英語のアンケートに当たるのは辛い。とはいえ、英語に堪能でも専門でない社員や、自社の事業や活動を知らない社外の専門家に任せることには不安がある。

　当時、CDPにも英語で回答していたが、まず日本語の回答案を作り、複数のメンバーで議論して修正してから英訳していた。だが、DJSIはボリュームがあり、同じ方法では期限に間に合わない。私は一番大事なことだけに集中しようと決めた。

　CDPでは、質問の意味が分からなかったり、回答が難しいと思ったりしたら、一緒に作業するメンバーの指摘や助言を受けて解決することが多かった。この経験から、アンケートで一番大事なことはみんなで質問の内容を理解して、何が一番良い回答かを考えることだと思った。そこで、それ以外の仕事はやめるか、社外のリソースに頼ることにした。

　サステナビリティ推進室には、事業戦略部、経営企画部、経理財務部の社員が兼務で所属している。このメンバーを中心に英語が堪能な外部の専門家を加えて会議を設定した。日本語の回答案作りは省くことにした。質問が英語なので日本語に訳した段階で認識違いが発生する可能性があるからだ。

　会議室で質問を投影しながら、専門家に質問を1つずつ解説してもらい、どういう回答が適切なのか1問ずつ議論した。1回では時間が足らず、質問を一通り吟味するのに3〜4時間の会議を4回も実施することになった。その結果を基に回答案を作り、適切

か再度議論した。これにも3〜4時間の会議を5回実施した。この時、メンバーの間では終わりのない「デス・マッチ会議」と揶揄されていたらしい。

結果、2017年のDJSI Worldには、残念ながら選定されなかった。しかし、私は切羽詰った状況で編み出したデス・マッチ会議に手応えを感じていた。会議を通じて、公開情報が少ないという問題点が浮かび上がった。そこを直せば選定される可能性はあると思ったからだ。

## 国内の同業をベンチマークに

2017年のDJSI Worldには同業態の日本企業が初選定されていた。同業他社に先を越された悔しさはあったが、比較できる企業が国内に現れたことは心強かった。IT業界のDJSI World企業は世界に多く存在するが、国の事情も業態も異なり参考になりにくい。しかし、日本で同じ業態の企業と比較すれば、自社の弱点が明確になる。

そこで分析サービス提供企業に、この同業他社とのベンチマーク分析を依頼した。妥当性を担保するために2社に依頼したが、分析結果に大きな違いはなかった。

ベンチマーク分析で、同業他社に比べ大きく劣っていたのは、次ページの図で網かけした5つの評価項目だった。その中でスコアの低い2つ（濃い網かけ）を重要課題項目として、対応策を下記の4つに分類して2018年3月末までに実施した。

①方針、社内規程を改定すべき事項

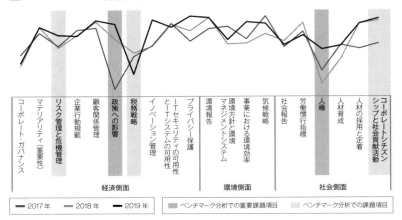

■NRIのDJSIの評価の推移とベンチマーク分析での課題項目

②取締役との契約条件などに関わる検討事項
③主管部に新たな取り組みを要請する事項
④主管部に情報開示を要請する事項

　2018年4月からデス・マッチ会議を8回実施してアンケートに回答した。さらに、前年の反省からDJSIが求める開示項目の内容をESGデータブックにまとめ、ウェブサイトに公開した。結果、2018年9月にNRIはDJSI Worldの銘柄に初選定された。3年以内の選定の目標が1年前倒しで達成できた。

　2019年も同様にベンチマーク分析による弱点補強策とデス・マッチ会議を実施して、DJSI Worldの銘柄に継続選定された。スコアも2018年に比べ9ポイントもアップした。

　以前、DJSI Worldに選定されているドイツの企業を訪問した際、アンケートの回答に社員3人が3カ月間専任で対応している

と聞いたことがある。国内企業でそこまでのリソースを割くことは難しいだろう。まず、頼り過ぎない程度に外部リソースを活用しながら、弱点を分析して対策を選択することが肝要である。

　一度、選定されても油断は禁物だ。アンケート項目の基準は社会情勢などに合わせて年々変わっていく。例えば、多国籍企業による税金逃れの実態を受けて税務戦略の評価は厳しくなってきている。NRIのデス・マッチ会議とベンチマーク分析は、今後も続くことになる。

| （10） マテリアリティの特定 |
| :---: |

# 社内・社外の視点で整理

ネガティブインパクトの抑止の
観点から特定を先行。
機関決定に向けた経営層への
説明が難所となる。

---

　2016年10月、環境推進室とCSR推進室が合併してサステナビリティ推進室が発足した。この時に、初めに着手したのがマテリアリティ（重要課題）の特定であった。NRIは10年に初めてマテリアリティを特定した。しかし、その後6年間も見直されていなかったことから、私は再特定することとした。

## ネガティブインパクトに絞る

　まず、作業を進めるパートナーとして、社内のコンサルティングの専門家に支援を依頼した。10年のマテリアリティの特定にも参加しており、以前の実情にも明るいと考えたからだ。そして、マテリアリティの活用目的についての議論からスタートさせた。

　専門家からはマテリアリティには、2つの分類があると説明を受けた。

　1つはネガティブインパクトの抑止における重要課題である。

E（環境）、S（社会）、G（ガバナンス）の視点で社会に負の影響を与えていないかという観点で重要課題を特定し、企業にとってのリスクを低減させて経営基盤を強固にする。

もう1つは、ポジティブインパクトの促進における重要課題である。社会にどのような正の影響を与えるかという観点での重要課題を特定して、財務価値を生み出す社会価値創造の取り組みにつなげる。つまり、共通価値の創造（CSV）を実践するための重要課題になる。

専門家からは、マテリアリティの特定には、「ネガティブインパクトの抑止の観点で特定する方法」と「ネガティブインパクトの抑止とポジティブインパクトの促進の両方の観点で特定する方法」の2つがあると言われ、私は前者を選択した。ネガティブインパクトの抑止の観点でのマテリアリティの特定が急務と考えたからだ。

Dow Jones Sustainability Indices（DJSI）などのESG株式指数の評価機関は、主にネガティブインパクトの抑止の観点で対象企業を評価する。その際、評価機関は対象企業の事業におけるリスクの高い領域を確認するため、企業のマテリアリティを参考にする。

一見、自社の弱点を、わざわざ外部に教えるような行動にも思えるが、リスクの高い領域を特定し、公開して対処することは、サステナビリティ経営を推進する企業ならば当然の行為であり、ESG評価機関等にも評価される行動でもある。そのため、サステナビリティ推進室の重要テーマと位置付けた。

ポジティブインパクトの促進の観点でのマテリアリティの特定も重要だが、企業の経営戦略とも密接に関連する。NRIは22年

## ■マテリアリティ特定までの3ステップ

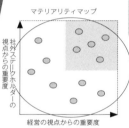

までの中期経営計画を固めていたので、次期計画の策定までに特定すればよいと割り切った。

マテリアリティの特定には、3段階のステップを踏んだ。

ステップ1では、分析の対象とする社会課題の項目をリストアップした。自社を取り巻く社会課題を網羅的に洗い出すため、国際的な規程やガイドラインなどをしらみつぶしに調べた。具体的には、ISO26000、グローバル・レポーティング・イニシアチブ（GRI）、国連グローバル・コンパクト（UNGC）、米国サステナビリティ会計基準審議会（SASB）、DJSIの項目だ。さらにDJSIのIT業界対象の項目等など参照して業界特有の社会課題を追加

し、約60項目に整理した。

　ステップ2では、「社外ステークホルダーの視点からの重要度」と「経営の視点からの重要度」の2軸で60項目の社会課題をマッピングし、重要度が高いものに絞り込んだ。

　社外からの視点としてDJSIとSASBの業界別ウェイトを考慮して重要度を評価した。DJSIのウェイトは7段階、SASBは3段階と異なるため、5段階に補正した。

　経営の視点からについては、NRIグループの中期経営計画の施策にどの程度組み込まれているかで評価した。経営計画に位置付けられているものか、さらに、経営計画の中核に位置付けられるものかなどの視点で、0点から3点の重みづけをした。

　ステップ3では、ステップ2で作成したマテリアリティ・マップに対する社外の有識者の意見を聴取した。これに基づき、社会課題項目などを補正した。その後、経営層での討議を経て機関決定し、統合レポート2017に掲載した。

## 経営層への説明で混乱も

　機関決定に持ち込むところは難航した。特にネガティブインパクトの抑止の観点でマテリアリティを特定したことを経営層に理解してもらうことに時間を要した。経営層は事業の拡大に関心が高い。事業における重要課題というと、どうしてもポジティブインパクトの促進の観点が強くなってしまう。リスクへの認識もあるのだが、そのリスク領域を外部にさらすことへの懸念もある。

　ポジティブインパクトの促進の観点でのマテリアリティを特定し

ていなかったことが混乱を招いた。私は、若干、後悔したが、そこまで対象を広げていたら、各事業部門の役員を巻き込むことを余儀なくされ、約4ヶ月間で、まとめることはできなかっただろう。

結局、ポジティブインパクトのマテリアリティは、CSVを推進するため18年に発足させた社会価値創造推進委員会（現・価値共創推進委員会）で特定することに」なった。各事業部門の役員が1年間近く議論し、19年3月にまとまった。

16年にマテリアリティを特定してから、既に4年が経過している。加えて、NRIグループの23年度からの次期中期経営計画が22年には策定される予定だ。この4年でNRIを取り巻く社会も変化した。このタイミングでマテリアリティを見直す必要があると考えている。次のマテリアリティの特定はNRIの経営にとって重要なテーマの1つになるだろう。

## （11）TCFD情報開示1　シナリオ分析

第 3 章

# 段階的に充実させることが肝要

気候変動への対応を企業の事業戦略に
組み込まなければならない。
FSBがTCFDを設置した意図をくみ取ることが重要だ。

　NRIは、2018年7月に金融安定理事会（FSB）が設置した気候関連財務情報開示タスクフォース（TCFD）の提言に賛同を表明した。

　FSBは、世界主要25カ国の財務省、金融規制当局、中央銀行の代表が参加するもので、金融システムを通じて世界経済の安定を図ることを目的としている。そのFSBが、気候変動が及ぼすリスクに関する情報の開示を企業に対して求めている。それは、気候変動による世界経済への悪影響を抑えようとしていることにほかならない。私たちは、気候変動問題が世界経済に与える影響が、FSBを動かすほど深刻なものだと捉えるべきだろう。

　さらにTCFDの提言では、その情報を有価証券報告書に掲載することを求めている。国内では、有価証券報告書に掲載すべきか、統合レポートまでの掲載にとどめるべきか、議論になることがある。だが、その前にTCFDが有価証券報告書への掲載を求めた理

由を考えるべきだ。

　私は、企業の経営者が気候変動問題の深刻さを認識して、長期的な事業戦略の中に対応策を組み込むことをTCFDが求めていると理解している。つまりFSBは、このTCFDの提言によって将来、気候変動によって生じる災害などに対しても強靭に対応できる企業を増やし、経済的な影響を抑えようとしているのだ。

　ドイツの環境NGO「ジャーマンウォッチ」によると、18年に気象災害の被害が最も大きかった国は日本だった。西日本豪雨などが主因だが、気候変動問題が日本に大きな影響を与えることは疑う余地はないだろう。にもかかわらず、欧米に比べると、日本では気候変動問題への認識が薄い。そのような状況の中で、気候変動への対応を企業の事業戦略に組み込むことは簡単ではない。

## きっかけはESG説明会

　NRIがTCFDの提言に賛同を表明した当時、国内でTCFDに賛同していた企業は、20～30社程度しかなかった。だが、NRIの顧客企業である金融機関の多くが賛同していたため、機関決定は順調に進んだ。しかし、TCFDに沿ったガバナンスや戦略、リスク管理などの内容をどのように検討し、開示するのかについては悩んだ。

　そんな時、担当の常務から機関投資家向けにESG説明会を開催するよう指示があった。実は、私はESG説明会の開催にちゅうちょしていた。しかし一方で、TCFD対応の発表の場になるとも考えた。ESG説明会ならば社長も含め多くの役員が関与する。

TCFDの対応をESG説明会で発表するものとして審議すれば計画も立てやすい。

　さらに、TCFDの署名を聞き付けたコンサルティング部門からTCFD支援コンサルティングのパイロットプロジェクトとして協力したいとのオファーもあった。

　彼らを含めてTCFD対応への検討が始まった。まず、米国サステナビリティ会計基準審議会（SASB）のTCFD導入ガイドなどを参考にしながら、シナリオ分析の方法を検討した。シナリオ分析とは、気候変動のリスク・機会を把握するために、長期にわたるいくつかのシナリオを基に自社の状況を分析する手法だ。

　実際には、国際エネルギー機関（IEA）や気候変動に関する政府間パネル（IPCC）の情報を基に2℃シナリオと4℃シナリオを設定して、リスクと機会の特定を行った。しかし、NRIの事業は、コンサルティングとITサービスであり、実際にモノを売ったり、動かしたりする事業はほとんどない。気候変動の影響を直接受ける事業は、電力を多く使うデータセンター事業のみとなる。それ以外の事業は、顧客企業の事業への影響を間接的に受ける。

　そこで、コンサルティング、金融ITソリューション、産業ITソリューション、データセンターの4つの事業分野に分け、リスクと機会を考えた。まず素案を作り、全社のサステナビリティ推進委員会で数回議論して最終案を機関決定した。19年2月に開いたESG説明会でその内容の一部を開示し、同年7月に発行した統合レポートに掲載した。

## ■NRI統合レポート2019での掲載内容の一部

想定される事業への影響　　　　　　　　　　　　　　　　　　　　　　　　　　　　　　　　　　　　＋ 機会　－ リスク

| 事業分野 | | 2℃シナリオ | | 4℃シナリオ |
|---|---|---|---|---|
| コンサルティング | ＋ | 顧客企業に脱炭素への変革が求められるため、NRIの持つ、サステナビリティに関する知見やソリューションへの需要が高まると考えています。 | － | 4°Cシナリオで想定するような自然災害の激甚化は、マクロ経済の停滞やお客様の収益を悪化させ、事業の売上に影響するリスクがあると考えています。 |
| 金融ITソリューション | ＋ | NRIの共同利用型サービスは個別企業が独自にシステム開発をする場合より、消費電力やCO2排出量、コストを大幅に削減することができ、さらに、RE100の達成に向けた再生可能エネルギー利用率を増加させることで、需要は増加すると考えています。 | － | 気候変動が資産の損失やマクロ経済の長期停滞の要因となり、金融機関の収益が悪化した場合には、提供するサービスへの需要に影響するリスクがあると考えています。 |
| 産業ITソリューション | ＋ | サプライチェーンや物流プロセスの効率化支援は、低炭素化につながるものであり、今後関連する取り組みが進展することは、需要増加の機会になると考えています。 | ＋ | クラウド型システムの提供により、自然災害が生じた場合の被害を最小限に留めることが可能であり、お客様のリスクを抑えることができると考えています。 |
| データセンター | ＋ | NRIは、2051年3月期までに全ての電力を再生可能エネルギーで賄う、脱炭素型のデータセンターを目指しており、お客様の環境配慮が強まれば、需要増加の機会になると考えています。 | ＋ | 自然災害を考慮した立地選定とともに、複数のデータセンターによる相互バックアップで事業停止リスクを抑制しているため、需要増加の機会になると考えています。 |
| | | | － | 自然災害に伴う電力障害や真夏日の増加は、機器のメンテナンス・更新費用や冷却費用を増大させるリスクとなると考えています。 |

# 財務的インパクトの開示へ

　ただ、改善の余地はまだ大きい。例えば、統合レポートに財務的インパクト（業績面への影響）を掲載できていない。財務的インパクトまで考えなければ事業戦略に気候変動の対応を組み込んだとは言い切れない。

　しかし、全ての事業を対象に一度に財務的インパクトを想定するのは難しい。そのため、事業単位に考えることにした。19年度は、データセンター事業を対象に財務的インパクトを試算して、サステナビリティ推進委員会などで議論した。結果は、機関決定を経て20年8月発行の統合レポートに掲載した。

　現時点では、SASBのTCFD導入ガイドの推奨実施項目を全て網羅できているとは言い難い。しかし、段階的に全てを満たせる

ようにしていきたい。TCFD対応は一朝一夕で終わるものではない。事業戦略と連動しながら、毎年、報告内容を加えたり、変更したりしていくことが重要だ。今後、TCFD対応の重要性は、より高まっていくだろう。そして、企業経営はもちろん、サステナビリティ部門の在り方にも影響を与えていくだろう。

**（12） TCFD情報開示2　財務的インパクトの開示**

# ストーリーづくりが
# 重要

影響の大きいデータセンター事業での
財務インパクトを試算した。
IPCCの報告書などを活用すれば、
シナリオ分析は難しくない。

　NRIは、18年度に「コンサルティング」「金融ITソリューショ
ン」「産業ITソリューション」「データセンター」の事業単位で
気候変動のリスクと機会を特定した。そして、19年度にデータ
センター事業における財務的インパクトの試算を実施した。

## 2つのケースを想定

　財務的インパクトを算出する最初の対象としてデータセンター
事業を選択したのは、気候変動の影響を直接的に受ける事業だか
らだ。大規模な電力使用に伴う炭素税の負担や再生可能エネルギ
ーの調達にかかる費用などが発生すると見込まれる。

　18年度に実施したシナリオ分析における影響の特定では、国
連気候変動に関する政府間パネル（IPCC）の2℃未満シナリオ
（RCP2.6）と4℃シナリオ（RCP8.5）を使用したが、財務的イ
ンパクトを試算するには炭素税の想定が含まれず、十分ではなか

サステナビリティ推進室奮闘記  第 3 章

### ■2℃未満シナリオにおけるシナリオ分析の対象の選定

| 2℃未満シナリオ |
|---|
| ● RE100加盟にあたり、設定した再エネ導入目標（2030年、36％）を達成するための費用負担<br>● 2℃シナリオが想定する炭素税が導入された場合の費用負担 |

### ■2℃未満シナリオにおける影響の評価

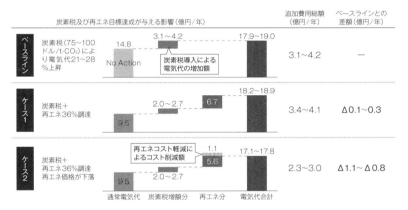

　った。そのため、炭素税の金額などが開示されている国際エネルギー機関（IEA）の持続可能な開発シナリオ（SDS）も併せて採用した。また、NRIは50年度に電力の100％を再エネ由来にすることを目標に掲げているが、目標達成には2℃未満シナリオでは不十分なところがあり、IPCCの1.5℃特別報告書のシナリオも補足的に使用した。

　まず、「炭素税（$CO_2$ 1t当たり75〜100ドル）が導入されることにより電気代が18年度比21〜28％上昇した状況で、再エネを

調達しなかった場合」をベースラインとして設定した。

　これに対して中間目標として掲げている30年度に再エネ調達比率36％を達成した場合を「ケース1」とした。ここで鍵となるのが再エネの想定価格だ。電力事業者へのヒアリングや環境省のレポートなども参考にして再エネ由来の電気代が「従来価格＋4円／kWh」になると想定した。TCFDのシナリオ分析結果を既に公開している国内企業の想定価格などを確認して妥当と判断した。

　しかし、ケース1はベースラインに比べて年間1000万～3000万円しか費用は改善しない。そこで政府発表のレポートなどを参考に30年以降、毎年2％ずつ価格が下落すると想定した「ケース2」を加えた。この場合、年間8000万～1億1000万円の改善が見込めることが分かった。

　4℃シナリオでは、データセンターの設備の自然災害における影響を調べた。驚いたことに、4℃シナリオでは炭素税導入の想定がなくなっていた。そのため、2℃未満シナリオのように再エネを調達した場合との比較はできなかった。2℃目標の達成には世界規模での炭素税の導入が前提になるが、4℃目標では前提にならない。2℃シナリオはそれくらい実現が難しい。

　NRIのデータセンターは証券会社などの多くの国内金融機関が使用しているシステムなどが稼働している。バックアップは万全としても、データセンターが自然災害に対して強靭であることは必要だ。そのため、国土交通省のハザードマップなどにより、洪水や土砂災害のリスクが高くないことなどを確認した。さらにその他のリスクなども想定して、対策なども確認した。

170

4℃シナリオでも、財務的インパクトを開示するために、平均気温が2℃上昇した場合の電力コストの上昇なども試算してみたのだが、あまりインパクトのある数値にはならなかった。この数値を開示してしまうと、影響が少ないとの誤解を招きかねないことから開示は取りやめた。将来は、違う形で4℃シナリオでの財務的インパクトも開示したいと思う。

## シナリオ分析は難しくない

ここまでシナリオ分析の結果作成までの経緯を説明したが、それほど難しくないことがお分かりになっただろう。社内のコンセンサスを得やすいように分かりやすいストーリーを作ることがポイントになる。実際に財務的インパクトの数値を計算するところは、コンサルティング会社などを活用してもよいだろう。

気候変動対策を評価するCDPの19年の質問では、以前に比べて気候変動による事業への定量的インパクトを問うものが増えた。回答には、試算したTCFDのシナリオ分析の財務的インパクトが役立った。

今回のシナリオ分析はデータセンター事業を対象にした。しかし、この事業は、炭素税や再エネ調達に伴う電力代などのコスト増という影響はあるものの、事業そのものが変革を求められるわけではない。

今後は、ITソリューションなどの部門に展開していく必要があるが、事業の変革が求められる可能性もある。事業戦略と密接な検討が不可欠であり、これからが正念場と言えるだろう。

## （13）TCFD情報開示3　収益部門の財務的インパクト

# まず小規模事業で モデル構築

資産運用ソリューション事業を選択して
モデルを構築した。
ビジネスと気候変動の影響を受ける
変動要因の関係性から財務的インパクトを算定

　NRIでは、2018年度から気候関連財務情報開示タスクフォース（TCFD）のシナリオ分析を進めてきた。18年度は会社全体のシナリオ分析を行い、リスクと機会の特定をした。19年度はデータセンター事業における財務的インパクトを算定した。20年度は収益部門のシナリオ分析に着手した。B to B企業であるNRIでは、収益部門の財務的インパクトを算定する場合、顧客企

### ■TCFDシナリオ分析の実施状況と今後

・NRIグループでは、2018度からTCFD検討を開始し、リスク・機会の特定を実施
・2020年度からは、収益部門を対象にシナリオ分析を行い、影響を評価

| 2018年度 | 2019年度 | 2020年度 | 2021年度 |
|---|---|---|---|
| シナリオの検討 リスク・機会の特定 | 影響度が高い事業を 対象にシナリオ分析 | 収益部門を対象に シナリオ分析 | シナリオ分析の 対象事業の拡大 |
| 2℃、4℃シナリオでの会社全体におけるリスク・機会を特定 | データセンター事業を対象にシナリオ分析 | 資産運用ソリューション事業本部、コンサルティング事業本部を対象にシナリオ分析 | シナリオ分析の対象を更に拡大 |

業における気候変動の影響を予想しなければならない。

　また、NRIの事業の9割はITソリューション事業であり、特に金融分野のITソリューション事業の比率が大きい。そのため、金融ITソリューション事業から着手することが望ましいのだが、TCFDのシナリオ分析で財務的インパクトを算定しているB to B企業の事例が少なく、いきなり、金融ITソリューション事業の全てを対象とするのは難しかった。

　そこで、金融ITソリューション事業の中から資産運用ソリューション事業に対象を絞った。資産運用ソリューション事業は、NRIの金融ITソリューション事業の中では比較的小規模だが、年間数百億円以上の売り上げはある。しかし、それだけでは対象範囲が狭過ぎるため、コンサルティング事業も対象とした。コンサルティング事業は、様々な業種の企業と取引しているため、景気変動が一番大きく影響することが分かっていたし、顧客企業へのヒアリングも不要で比較的簡単に分析できると考えたからだ。

　NRIの資産運用ソリューション事業では、投資信託の基準価額を算定する資産運用サービスなどを展開している。顧客企業は主に資産運用会社だ。つまり、企業のTCFDシナリオ分析の結果を評価する企業が顧客企業になるのでTCFDは何かという説明は不要だ。

　通常、TCFDの説明には時間がかかる。社内でなく社外の顧客企業ならば、担当部署への事前説明も含め、さらに時間がかかる。また、収益部門へのシナリオ分析は、NRIとしては初めてで参考になりそうな他社の好事例もない。そのため、まずは財務的イン

パクト算定のモデルケースを作って展開したいと考えた。顧客企業も担当部門もTCFDを良く知る資産運用ソリューション事業は最適だった。18年度、19年度と同様に、コンサルティングの支援を入れながら、事業部門とも議論をして、気候変動による財務的インパクト算定のモデルを検討した。

## 資産運用ソリューション事業はビジネスモデルから算定

第1ステップとして、資産運用ソリューション事業のビジネスモデルの分析から始めた。

資産運用ソリューション事業には、大きく3つのサービスがある。1つ目は資産運用会社の投資信託・投資顧問・年金などの運用業務をトータルにサポートする資産運用サービスである。2つ

### ■資産運用ソリューション事業と収益の変動要因の関係

| | | 気候関連の事象に影響を受けると想定される収益の変動要因 | | | | |
| --- | --- | --- | --- | --- | --- | --- |
| ◎ 影響大<br>○ 影響中 | | 資産残高 | 取引量 | 顧客数 | 投資家の必要情報量 | ファンド数 |
| 資産運用サービス | ・資産運用会社において投資信託・投資顧問・年金等の運用業務をトータルにサポートする業界標準ビジネスプラットフォーム | ◎ | ○ | ○ | ○ | ○ |
| 投資情報サービス | ・国内外の経済・金融・企業・証券に関する金融情報データの提供<br>・金融機関における、投資分析業務や投資情報の収集、社内外への投資情報提供業務をサポートするプラットフォーム | | | ○ | ◎ | ○ |
| BPOサービス | ・資産運用をはじめとする金融全般にかかわるミドルからバックオフィス業務のオペレーションサービス | ○ | ○ | | | |

174

目は金融機関の投資分析業務や投資情報の収集、社内外への投資情報提供業務をサポートする投資情報サービス、3つ目は資産運用をはじめとする金融全般にかかわるミドルからバックオフィス業務のビジネスプロセスアウトソーシングサービス（BPOサービス）である。

　この3つのサービスと気候関連の事象に影響を受けると想定される収益の変動要因の関係性を調べた。左ページの図は、その関

■**資産運用ソリューション事業のリスクと機会**

| | 気候関連の事象 | 想定される変化 | リスク/機会 | 関連事業 |
|---|---|---|---|---|
| ① | カーボンプライス（炭素税等）の導入、新技術に対する補助 | 企業の競争力、企業価値が変化し、資産残高に影響が生じる。 | △ | 資産運用サービス |
| ② | 企業へのESG/気候関連の情報開示の強化の要請、標準化の促進 | 企業から開示される情報量が増加、また、開示内容は標準化されていくことで、資産運用会社において企業情報の整理ニーズが増加 | ○ | 投資情報サービス BPOサービス |
| ③ | 資産運用会社への情報開示強化 | 監督当局、アセットオーナーより運用におけるESG投資、サステナブルファイナンスに関する開示強化により、その支援に対するニーズが増加 | ○ | 資産運用サービス 投資情報サービス BPOサービス |
| ④ | 金融商品のESG情報開示の強化 | 資産運用会社が開発する個人向け金融商品におけるESG関連の項目についての説明等が求められる。 | ○ | 投資情報サービス BPOサービス |
| ⑤ | 個人のESGや気候変動への関心増加 | 環境・社会問題への関心が高いミレニアル世代・Z世代を中心にESG投資やインパクト投資への需要が高まることで、資産運用による環境・社会への影響の可視化へのニーズ増加 | ○ | 資産運用サービス |
| ⑥ | 自然災害の激甚化 | 自然災害により損失が生じたことに起因して、経済活動が停滞し、資産残高は一時的に下落 | ✕ | 資産運用サービス |

係性を示したものである。

　資産運用サービスでは、顧客企業の資産残高が最も影響を及ぼす。つまり、顧客企業の資産残高が増えればNRIの収益は上がり、資産残高が減ればNRIの収益は減る。投資情報サービスは、投資家が必要とする情報量が増えればNRIの収益が上がり、情報量が減ればNRIの収益が下がる。

　第2ステップとして、リスクと機会の分析を行った。6つの気候関連の事象をおいて、顧客企業で想定される変化と各サービスへの影響を調べて、NRIとしてリスクと機会のどちらがあるかを分析した。前ページ図はその結果であり、ESGの情報開示などが進むことで、全体的に機会があると想定した。想定される変化に関しては、顧客企業の経営層などへのヒアリングも行い、裏付けを取った。

　年金積立金管理運用独立行政法人（GPIF）が20年8月に発行した「ESG活動報告」の中でも、世界全体が2℃未満シナリオ下では、国内株式において気候変動政策・規制や技術開発、市場動向などの変化によってもたらされる移行リスクや気候変動によってもたらされる災害などの物理的リスクよりも、脱炭素化に向けたトランジション（移行）に伴う事業機会の方が大きく、トータルでは日本企業の価値が増大するという見解を示しており、その内容とも一致している。

　第3ステップとしては、想定される変化から、収益の変動要因の変化を予測して6つの事象ごとに財務的インパクトを算定した。算出方法は右ページの図に示した通りだ。

サステナビリティ推進室奮闘記　第 3 章

## ■資産運用ソリューション事業の財務的インパクトの算出方法

| | | 気候関連の事象 | 算出方法 |
|---|---|---|---|
| 炭素税導入 | ① | カーボンプライス（炭素税等）の導入、新技術に対する補助 | GPIFの試算結果などから株価の変動幅を設定。顧客企業を対象にNRIへの支払額と純資産総額の関係を分析して、株価の変動幅からNRIへの影響を算出した |
| 開示強化 | ② | 企業へのESG/気候関連の情報開示の強化の要請、標準化の促進 | 企業のESG・統合報告書関連コンサルティングへの平均予算にサービス利用率を乗じて、調査による市場シェア予測から算出した。顧客企業（金融機関）の予算からサービス利用率を乗じて算出した |
| | ③ | 資産運用会社への情報開示強化 | 顧客企業（金融機関）の予算からサービス利用率を乗じて算出した |
| | ④ | 金融商品のESG情報開示の強化 | 金融商品に対する情報提供単価に顧客企業（金融機関）とサービス利用料を乗じて算出した |
| ESG投資への関心増加 | ⑤ | 個人のESGや気候変動への関心増加 | 顧客企業を対象にNRIへの支払額とファンド数の関係を分析して、関連ファンドの組成率からNRIへの影響を算出した |
| 自然災害の激甚化 | ⑥ | 自然災害の激甚化 | GPIFの試算結果や過去の事例を踏まえ、株価の変動幅を設定。顧客企業を対象にNRIへの支払額と純資産総額の関係を分析して、株価の変動幅からNRIへの影響を算出した |

　例えば、①のカーボンプライス（炭素税の導入など）や新技術に対する補助などの事象は、企業の競争力や企業価値が変化して資産残高に影響が生じる。第1ステップのビジネスモデルの調査で資産運用サービスが資産残高による影響を受けることは分かっていたから、回帰分析よって顧客企業の資産残高とNRIの資産運用サービスの収益の相関係数を求め、「2℃シナリオ」「3〜4℃シナリオ」による資産残高の変化を予測すれば、資産運用サービス

177

■**資産運用ソリューション事業の財務的インパクト**

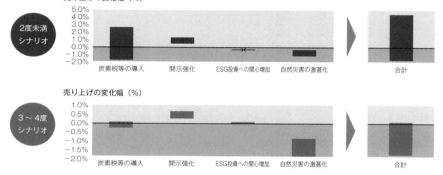

　の収益の変化を導くことができる。

　2℃シナリオ、3〜4℃シナリオにおける株式資産残高の変化の予測については、GPIFが20年8月に公開した「ESG活動報告」で、気候バリューアットリスク（CVaR：Climate Value-at-Risk）という手法を使い、気候変動がポートフォリオ全体の企業価値に与える影響を変動率という形態で掲載されていた。その変動率を適用した。GPIFが国内株式の全てを所有しているわけではないが、かなりの規模で所有していることから、その変動率は国内株式の変動率と同等になるだろうとの考えである。

　⑥の自然災害の激甚化も資産残高に影響をもたらす。①の予測と同様に、GPIFの予想変動率を使ってNRIの資産運用サービスにおける収益の変化を予測した。

　最後の第4ステップとして、収益の変化を、炭素税などの導入、

開示強化、ESG投資への関心増加、自然災害の激甚化の4つにまとめた。これによると、2℃未満シナリオでは、売り上げ増加の影響が相対的に大きくなるが、3~4℃シナリオでは売り上げ減少の影響が大きくなることが分かった。

## コンサルティング事業は、景気変動予測から算定

コンサルティング事業については、ビジネスモデルの調査は行わず、リスクと機会の分析から始めた。気候変動により、サステナビリティ関連のコンサルティングのニーズは高まる一方で、脱

■**コンサルティング事業のリスクと機会**

脱炭素社会への移行や気候変動への適応に向けた企業支援の需要は増加すると想定される、一方、移行に失敗した場合には、マクロ経済の停滞を通じてマイナスの影響を受ける可能性がある

| 気候関連の事象 | 想定される変化 | リスク/機会 |
|---|---|---|
| カーボンプライス（炭素税等）の導入、新技術に対する補助 | 脱炭素化への移行に向けた戦略構築、事業構造変革等の必要性が高まることによるコンサルティング事業へのニーズ増加 |  |
| 市場における気候変動を加味した取引条件の設定 | 一方で、長期的には脱炭素化への移行に失敗をした企業が多い場合には、コンサルティング事業の売り上げに影響を及ぼす可能性がある |  |
| 新たな環境技術による市場構造の変化 | | |
| 自然災害の激甚化 | 自然災害により損失が生じたことに起因して、経済活動が停滞することでコンサルティング事業の売り上げに影響を及ぼす可能性がある |  |
| 気候パターンの変化 | 一方で、対応策の構築に向けたコンサルティング事業へのニーズ増加の可能性もある |  |

## ■コンサルティング事業の機会

企業は脱炭素化に向けた移行期にあり、経済社会のサステナビリティに向けた関心が高まるにつれて関連するコンサルティング事業のニーズは増加しており、2℃未満シナリオではさらに拡大していくと想定される

コンサルティング事業におけるサステナビリティ関連の売り上げ（予測）

- Business as Usual（＝3～4℃シナリオ）
- 2℃未満シナリオ追加分

2017 2018 2019 2020 2021 2022 2023 2024 2025 2026 2027 2028 2029 2030（年）

## ■コンサルティング事業のリスク

脱炭素化に向けた移行に失敗した場合に生じる可能性のあるショックイベントを通じて景気の悪化の影響については、過去の影響を踏まえ分析

・リーマンショックの影響を受けた2009年度においては、販売実績（売上高）として－12.1％の影響を受けていた

コンサルティング事業におけるショックイベント発生時の過去の影響

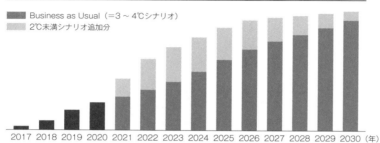

|  | 2008年度 | 2009年度 | 変化率 |
|---|---|---|---|
| 生産実績 | 181.2億円 | 172.7億円 | －4.7％ |
| 受注状況 | 322.5億円 | 282.3億円 | －12.5％ |
| 販売実績 | 328.7億円 | 288.8億円 | －12.1％ |

脱炭素化に向けた移行の失敗により自然災害の激甚化が生じ、それを契機に景気の悪化が生じた場合に想定される本事業の減少幅

※上記は当時の有価証券報告書に基づき作成、そのため、当時とはセグメントの考え方また、ビジネス構造も変化があるため、あくまでもシナリオ分析においての参考値。

炭素化への移行の失敗や自然災害の激甚化による景気の停滞が発生した場合は事業に対するリスクも大きいことが分かった。

　コンサルティング事業の機会については、現在のサステナビリティ関連事業の実績から、今後の予測を行った。この場合でも2℃未満シナリオの方が、3~4℃シナリオよりもコンサルティングのニーズが高まり、売り上げが増加するとの結果を得た。

　コンサルティング事業のリスクについては、世界が脱炭素化に向けた移行に失敗した場合、自然災害の激甚化が生じ、景気の悪化が生じる。景気の悪化による影響は、リーマンショックと同じような影響を受けると想定して、売り上げでマイナス12.1％の影響があると算定した。

## 大規模な事業へも展開

　今回は収益部門の資産運用ソリューション事業とコンサルティング事業のシナリオ分析を行った。今後対象となる収益部門は、ほとんどが顧客企業の業種が決まっているため、主に資産運用ソリューション事業のモデルを使って分析していくことになるだろう。

　資産運用ソリューション事業でのシナリオ分析では、事業部内のビジネスモデルを調査して収益の変動要因を見つけ、いくつかの気候関連の事象に分割して、収益の変動要因と収益との相関関係などにより、財務的インパクトを算定する手法は確立できた。次年度は、金融ITソリューション分野の中の大規模な事業でのシナリオ分析に適用していくつもりである。

## （14） ESGデータブックの制作

# アンケート対応の
# 負担を大幅減

サステナビリティ部門には
毎年100通近くのアンケートが押し寄せる。
アンケートの山から抜け出すには
情報の一元化とアウトソーシングが鍵だ。

　NRIのサステナビリティ推進室には、毎年、100通近くのアンケートが押し寄せる。評価機関、メディア、大学などの研究機関、取引先企業からの調査など、英語によるものも含め、様々なものがある。

　NRIだけでなく、多くの企業のサステナビリティ部門でも膨大なアンケートの対応に苦慮していると聞く。NRIでは7割程度に絞って答えているが負担は大きい。また、サステナビリティ推進室だけで答えられる質問も限られ、関連部署にエスカレーションして回答を取りまとめる作業などもある。エスカレーションでは、違うアンケートで同じ質問に何回も答えさせてしまうことも多く、関連部署にも負担をかけている。

　アンケート対応の負担軽減はサステナビリティ部門の解決すべき重要な課題である。サステナビリティと経営の関係が密接になりつつあり、気候関連財務情報開示タスクフォース（TCFD）に

対応した情報開示など、サステナビリティ部門に求められる重要な業務も増えてきている。しかし、アンケートの回答に人員が取られ、重要な業務に対応できないところも多いのではないだろうか。今回は、この問題をどのように解決したかをお話したい。

## データの一元管理に着手

2018年4月にNRIはDow Jones Sustainability Indices（DJSI）の調査への回答に向けESGデータブックの制作を決めた。DJSIの調査では回答に際して公開情報が決め手になることが多いからだ。ESGデータブックがアンケート対応の負担軽減に役

■ESGデータの一元化とESGデータブック

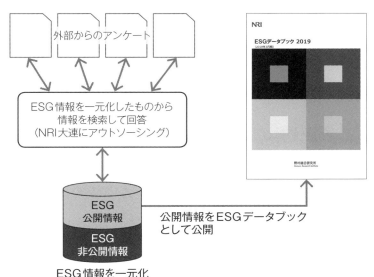

立つとも考えた。

　しかし、ESGデータブックの制作には多くの部署の協力が必要だ。既にアンケートの対応で関連部署に負担をかけていたこともあり、受け入れてもらえない可能性もあった。そこで「ESGデータブックで情報が一元化され、そこに掲載されている情報に関するアンケートの質問にはサステナビリティ推進室で回答できるようになる。関連部署は複数のアンケートの同じ質問に何度も答える必要がなくなり負担が減る」と関連部署を説得して協力を仰いだ。

　これはサステナビリティ推進室には諸刃の剣だ。関連部署の負担が減り会社全体としては効率化されるものの、作業が集約されてサステナビリティ推進室の負担は重くなる。だが、負担の集約には、将来を見据えた狙いがあった。

　そして関連部署の協力を得てESGデータブックの制作に着手したのだが、思うように情報を集められなかった。関連部署との調整や情報の整合性の確認などに時間を要したからだ。DJSIのアンケートは、質問も回答も英語で、英語の公開資料も求められる。調査の締め切りは6月末。それまでにESGデータブックをホームページなどに掲載して開示しないと意味がない。しかし、6月末の段階でESGデータブックに必要な情報は集まっていなかった。そこで苦肉の策として重要な情報だけに絞り、暫定の英語版を公開した。

　18年度は、このような苦肉の策で対応したが、この暫定の英語版ESGデータブックが功を奏して、サステナビリティ投資の

指標として有名なDJSI Worldの構成銘柄にも初選定された。なんとか乗り切ったがESGデータブックが整備されたのは9月末だった。

## 将来見据えアウトソーシング

　そして19年1月にアンケート回答業務のアウトソーシングに着手した。これが作業を集約した狙いだった。NRIグループにはアウトソーシングサービスを提供する野村総合研究所大連有限公司（NRI大連）というグループ会社がある。そこにアンケート回答業務を依頼することにした。ESGデータブックを構築する段階でアウトソーシングをしなかったのは、ESGデータブックが完成してからの方が業務を引き継ぎやすいと考えたからだ。

　まず、NRI大連には、ESGデータブックと過去1年分（18年度）のアンケートの質問と回答文を引き渡して、どのぐらいの質問にESGデータブックで回答できるかなどを分析してもらい、19年4月から本格運用を始めた。本格運用を開始してから1年が経過したが特に問題はなく、回答ミスなどはアウトソーシング前より減っている。しかし、実際にESGデータブックで回答できるのは7割程度にとどまる。回答に際しても、現時点ではサステナビリティ推進室のメンバーによる確認作業は残している。大幅に負担は軽減したが半減までには至っていない。

　しかし、将来を見据えるとアウトソーシングは重要だ。19年の後半ぐらいから、各事業部門経由で顧客企業からのサステナビリティに関するアンケートが増えてきている。契約締結前にサス

テナビリティの視点で取引相手として支障がないことを確認する企業が増えているのだ。

　世界では、大手企業に対してサプライチェーン全体に社会的責任を求める声が強くなってきていて、国内に波及すれば多くの顧客企業がアンケートを実施するだろうと、以前から私は危惧していた。今は、増えたと言っても、顧客企業のほんの一部だが、全ての顧客企業から求められたら、ESGデータブックがあってもサステナビリティ推進室だけではとても対応できない。

　さらに、NRI大連には、ESGデータブックの情報だけではなく、アンケート回答に必要な情報を本格的にデータベース化して効率的に回答する仕組みの構築を進めてもらっている。将来、このデータベースを使って、事業部門の社員が顧客企業からの質問にAIを使ったチャットボットなどで回答できる仕組みができないかと私は考えている。

　アンケートによっては、単なる情報収集ではなく企業の姿勢なども問うものや、信頼性が高く影響力のある国際調査機関からのものもある。そのようなものには、サステナビリティ部門で、戦略的にしっかりと回答していく必要があるだろう。

　しかし、アンケート全てにそのような対応はできない。将来を見据えて、サステナビリティに関する情報のデータベース化やアウトソーシングによる業務の効率化などにより、サステナビリティ部門は重要業務に注力できる体制を整えることが肝要である。

（15）エンゲージメント1　投資家とのダイアログ

第 3 章

# 欧州投資家との
# 対話から学ぶ

今回から2回に分けてESG投資家との
エンゲージメント（相互理解）を取り上げる。
欧州の機関投資家とのダイアログ（対話）は
示唆に富み、実際のアクションにつながることもある。

　NRIでは、サステナビリティに関して機関投資家から意見を聞く場を設けている。「有識者ダイアログ」と「ESG説明会」である。ここでは有識者ダイアログについてお話したい。

## 欧州中心にダイアログ

　有識者ダイアログは、国内の学識者やNPOなど様々なステークホルダーを招き2012年から実施してきた。並行して、全社組織である環境推進委員会が設置された14年から毎年、海外視察を実施している。当時の委員長の「海外の先進企業などを視察したらどうだろう」という助言をきっかけに、欧州を中心に先進企業やNPOなどを視察していた。

　17年4月、環境推進委員会がサステナビリティ推進委員会に改称された。私たちの仕事は環境（E）だけでなく、社会（S）、ガバナンス（G）もカバーするようになった。

187

## ■有識者ダイアログの参加者

| 2017年度 | 2018年度 | 2019年度 |
|---|---|---|
| **[ロンドン開催]** | **[ジュネーブ開催]** | **[パリ開催]** |
| **Colin Melvin**<br>Arkadiko Partners<br>（アルカディコ・パートナーズ）<br>Founder and Managing Partner | **Federico Merlo**<br>WBCSD<br>（持続可能な開発のための経済人会議）<br>Managing Director of Member<br>Relations & Senior Management<br>Team | **Sheila ter Laag**<br>BNP Paribas Asset Management<br>（BNPパリバ・アセットマネジメント）<br>Head of ESG Specialists,<br>Sustainability Centre |
| **鈴木 祥**<br>Hermes（ハーミーズ）EOS<br>Engagement Manager | **Filippo Veglio**<br>WBCSD<br>Managing Director of People &<br>Senior Management Team | **Emile Beral**<br>Vigeo Eiris（ヴィジオ・アイリス）<br>Chief Operating Officer |
| **Dr. Steve Waygood**<br>AVIVA INVESTORS<br>（アビバ・インベスターズ）<br>Chief Responsible Investment<br>Officer | **[チューリッヒ開催]**<br>**Edoardo Gai**<br>RobecoSAM（ロベコサム）<br>Managing Director,<br>Head of Sustainability Service | **Elise Attal**<br>Vigeo Eiris<br>Institutional Affairs Manager |
| **Peter Webster**<br>EIRIS（アイリス）Foundation<br>CEO | **Jvan Gaffuri**<br>RobecoSAM<br>Director, Senior Manager,<br>Sustainability Services | **Nicolas Moriceau-Gomez**<br>Vigeo Eiris<br>Head of Sustainability Rating |
| **Mauricio Lazala**<br>Business & Human Rights<br>Resource Centre<br>（ビジネス・人権資料センター）<br>Deputy Director | **Manjit Jus**<br>RobecoSAM<br>Director, Head of ESG Ratings | **Paul Courtoisier**<br>Vigeo Eiris<br>Head of Sustainability bonds &<br>Loans |
| **[東京開催]**<br>**Dr. Puvan J Selvanathan**<br>Bluenumber（ブルーナンバー）<br>Foundation<br>CEO | | **Julie Quiedeville**<br>Vigeo Eiris<br>ESG Analyst, VE Connect<br>Manager |
| **Haley St. Dennis**<br>Institute for Human Rights and<br>Business<br>（人権ビジネス研究所）<br>Communications Manager | | |
| **星野 智子**<br>Environmental Partnership<br>Conference<br>（環境パートナーシップ会議）<br>副代表理事 | | |

（敬称略、肩書は開催当時）

　私はESGの観点で海外視察をするなら、まずESG投資家の視点を知ることが重要だと考えた。それまで国内で行っていた有識者ダイアログを海外視察の中に組み入れ、海外の機関投資家などを訪問することにした。

　17年の有識者ダイアログはロンドンで行った。世界でもESG機関投資家として有名なアビバ・インベスターズや責任投資に詳

しいコリン・メルビン氏などを訪問した。

アビバは、企業の人権ベンチマークであるCHRBの活用を推進している。当初の対象企業は、一般消費財のメーカーや小売業が中心だが、数年後には個人のプライバシーを侵害するリスクなどが懸念されるIT業界も対象にするとのことだった。最近、AI（人工知能）を使ったシステムによるプライバシーの侵害問題などが国内でも取り沙汰されるようになったが、アビバとの対話は、今の状況を早く予見させてくれた。

メルビン氏は、株主価値の最大化に傾倒する企業の姿勢に警鐘を鳴らしていた。「投資家や従業員、消費者といった幅広いステークホルダーと企業との関係性を測ろうとするとき、自己資本利益率（ROE）は十分な指標ではない」という言葉が特に印象的だった。

20年の今、新型コロナウイルスの感染拡大により、世界で多くの企業が苦境に立たされている。ROEを追い求め、低金利の負債に依存する「レバレッジ経営」を進めてきた企業は特に瀕死の状況に陥っている。メルビン氏が今回のパンデミックを予見したわけではないだろうが、気候変動による大規模災害などの危機が訪れたとき、株主価値偏重の企業は脆いことを示唆してくれたのだと受け取っている。

欧州のESG機関投資家や有識者からは、世界情勢を通した将来のリスクなどに関する知見を国内よりも早く得られると感じている。

## 対話をアクションにつなげる

　18年はスイスを訪問し、持続可能な開発目標（SDGs）を推進する国際的NPO、持続可能な開発のための経済人会議（WBCSD）と国際的なESG評価機関であるロベコサムとのダイアログを設けた。

　WBCSDでは、企業としてSDGsにどのように向き合うかを議論した。「SDGsが掲げている社会課題に対して、企業が単独で解決に導くことは難しく、ビジネスを通じて企業間で連携すれば解決できる」と説明を受けた。その考えに共感して、NRIも半年後に加盟した。

　ロベコサムでは、企業がビジネスを通じて社会課題を解決する「共有価値の創造（CSV）」の評価に議論が及んだ。「企業のSDGsへの積極的な貢献を期待している。ただ、負の影響は測りやすいが正の影響は測りにくく、評価手法を模索している」とロベコサムの担当者は説明した。このことがきっかけでNRIは、負の影響を与えていない企業であることを示すために、幅広く透明性の高い情報開示を積極的に推進するようになった。ダイアログでの助言が具体的なアクションにつながるケースもあるのだ。

　海外のステークホルダーとのダイアログは、国内では得られない知見や助言を得られる有意義な経験である。特に貴重に思うのは、欧州の人々のサステナビリティに対する真剣な姿勢を感じ取れることだ。例えば19年に訪問したパリのBNPパリバ・アセットマネジメントでは、全ての投資にESGの視点を取り入れてい

ると聞いた。

　現在の株主価値偏重の資本主義は欧米諸国がつくった。しかし欧州では、投資家を含めた多くの人々が猛省している。それがサステナビリティに対する真剣な姿勢をつくり出しているように思う。

（16）エンゲージメント2　ESG説明会

# 社内と社外、双方に効果

経営陣や関連部署を巻き込んで準備し、
社内の考え方がまとまった。
一度、始めたからには
継続する覚悟が必要になる。

　前項でNRIが海外機関投資家などからの意見を聞く場である
「有識者ダイアログ」のお話をした。この項では国内機関投資家
を対象にした「ESG説明会」ついて取り上げたい。

　NRIは2019年2月21日に初めてESG説明会を開催し、20年2
月20日には2回目を開催した。今後も毎年、継続する予定だ。

　ESG説明会を開催したきっかけは、担当常務からの指示だっ
た。しかし、私は少しちゅうちょしていた。当時、機関投資家向
けのESG説明会を開いていた企業は、コニカミノルタや丸井グ
ループなど、国内で有名なサステナビリティ先進企業に限られて
いたからだ。そのような企業と肩を並べるようにESG説明会を
開催するのは、おこがましいと感じていた。さらに準備に必要な
人員の不足なども危惧していた。

　しかし、今は開催して良かったと思っている。

　はじめに開催日程を19年2月中旬に定めた。毎年2月初旬に経

営会議でサステナビリティ推進委員会の活動報告があり、当年度の活動内容がまとまる。絶好のタイミングだと考えた。

## 関連部署を巻き込む

次にコンテンツに思いを巡らせた。丸井グループのESG説明会に相当する「共創経営レポート説明会2016」（16年12月開催、現在はMARUI IR DAYに改称）では、社長のスピーチが中心で、丸井グループの「共創経営」、つまりサステナビリティ経営を説いていた。これを知って、初回のESG説明会は、社長がNRIのサステナビリティ経営の方向性を示さなければならないと思った。

■2020年2月20日に開催した第2回ESG説明の様子

しかし、コンテンツ作りは難航した。ESG説明会の開催指示を受けて準備に着手したのは18年11月中旬。開催予定の19年2月中旬まで3カ月あるが、発表する役員との調整の時間を考えると、資料は1月中旬までに固める必要があった。つまり実質2カ月で作らなければならない。しかし、サステナビリティ推進室に十分な人員はない。私は、この段階でサステナビリティ推進室で全てを作ることを諦めた。この"諦めの境地"が功を奏することになる。

　私はまず、説明会の構成を決めた。サステナビリティ経営を語る社長パートとNRIの環境（E）、社会（S）、ガバナンス（G）の活動を説明するESG活動パートの2つに大きく分けた。さらに、このESG活動パートをE・SとGの2つに分けた。

　そして、社長の発表資料の作成を事業戦略を担当する部署に、ESGパートのG部分の資料作成をIR室に依頼して、残りのE・S部分の資料をサステナビリティ推進室で作成することにした。幸い各部門とも快く引き受けてくれた。

　ちょうど、17年に設置された社会価値創造推進委員会で約1年半近く検討していた「NRIらしい社会価値」の姿がまとまり、発表しようとしていた。社長の発表は、その内容を中心に資料を作ってもらった。さらにNRIの歴史も盛り込んだ「NRIらしい社会価値」を説明するビデオも制作することになった。

　初回ということもあり、開催1カ月前の最終調整には手間取ったが、なんとか開催にこぎつけた。開催当日に驚いたのが出席率の高さだ。機関投資家、メディア、ESG関連の有識者、企業の

サステナビリティ部門の方々を招待したのだが、申し込みに対する出席者の割合は約9割以上だった。通常のイベントならば良くて8割ぐらいだろう。珍しいということもあったのだろうが、参加者に重要視していただいた結果だと認識している。

参加者からの評判も良かった。終了後のアンケートなどによるとESG説明会の開催自体に好感を持たれたようだった。「1回で終わらせず、継続開催してほしい」などの声が多かった。私は無事に開催できたことに安堵するとともに、当初抱いていた「まだ時期尚早ではないか」という不安を払拭できた。

## 社内に「統合思考」が広がる

良かったのは、それだけではない。社長をはじめとする本社役員や事業戦略を担当する部署、IR室などを巻き込んだことで、サステナビリティに関する理解が深まり、その後の事業戦略や事業計画の内容に自然とサステナビリティの要素が多く盛り込まれるようになった。ESG説明会に関わる議論などで考え方が整理されて、本社役員や関連部署の社員のサステナビリティに対する考えが統一されたように感じた。特にIR室が発行する統合レポートは財務情報と非財務情報を一体化させる「統合思考」がより強まった。

さらに20年2月に開催した第2回のESG説明会は、前回の質疑の中であった「ESGの取り組みをどのように評価に加えていくか」「TCFDで事業や財務のインパクトをどこまで確認するか」などの質問に具体的に応える内容にした。このような参加者から

の疑問や関心に応える姿勢に好感を持たれたようで、第2回の参加者の評判も良かった。

　以前の私のように自社のポジションや役員との調整、資料の準備などを考えて、ESG説明会の開催に尻込みしているサステナビリティ部門の方々も多いのではないだろうか。しかし、サステナビリティ部門で全てやろうとするのではなく、役員や関連部署なども巻き込むことが肝要だ。このことにより、社内の考え方が統一され、社外への発信力が高まり、サステナビリティ経営は加速するように思う。その意味で開催するメリットは大きい。

　一方、ESG説明会に参加する機関投資家は、まず企業のサステナビリティ経営のゴール（方向性）を確認した上で、そのゴールに向けた進捗を毎年見ながら、本物かどうかを見極めようとしているように思う。機関投資家の眼は、年々厳しくなっていくだろう。

　しかし、一度始めたESG説明会の開催を止めることは、自社のサステナビリティ経営を偽物だと自ら認めるようなものだ。経営と共に継続させる覚悟が必要となる。

| （17） 社内サステナビリティ教育 | 第 3 章 |

# eラーニング活用、アニメで親しみ

サステナビリティを理解し、
関心をもってもらうために社内教育は欠かせない。
全社員に広げるためにアニメーションを活用した
eラーニングを実施した。

　企業でサステナビリティ活動を推進していくには、社員への教育は重要である。しかし、どのように進めていくべきか悩んでいる企業も多いのではないだろうか。

　NRIも同じ悩みを抱えており、2019年度から本格的にサステナビリティ教育の取り組みに着手した。この項では、その事例を紹介したい。

## 分かったつもりを取り除く

　NRIでは、11年3月に起きた東日本大震災後の電力不足をきっかけに節電などの推進が強く求められるようになり、「グリーンスタイル活動」を開始した。具体的な取り組みの内容は、オフィス内の適切な室温設定や、照明やOA機器の省電力化などの節電活動をはじめ、紙のリサイクル推進などだ。社内のイントラネットには、「グリーンスタイルホームページ」を設けた。

14年の環境推進委員会の設置を契機に、この特設ページの見直しを図った。内容の陳腐化が進んでいただけでなく、データセンター事業における温室効果ガス削減に向けた活動なども社内に周知することが求められたためだった。

　15年2月にはeラーニングによる環境試験を初めて実施した。社員約6000人が対象で、受講率は80％だった。17年からは社会、ガバナンスの内容も加えたESG試験に衣替えして、受講対象者も国内グループ社員に拡大した。

　同時に、福島県只見町の「ただみ豪雪林業・観察の森」整備事業への寄付をきっかけに、社員による環境保全活動が始まった。年に1回、社員の中から30〜50人のボランティアを公募で集め、「ただみ豪雪林業・観察の森」で間伐などの支援活動をしている。環境保全のボランティア活動だが、ユネスコエコパークにも指定されている只見町の豊かな自然に触れることで、地球環境の重要性を認識する環境教育の役割も果たしている。私は毎年、只見町に向かう貸切りバスの中でESGの基礎知識に関する講義を行っている。

　サステナビリティ教育が難しいのは、多くの人が分かったつもりになっていることだ。例えば「CSRを日本語で何と言うか」という質問に多くの人が「企業の社会貢献」と答える。しかし、それは誤りで、「企業の社会的責任」が正解である。日本では、CSR元年と呼ばれた03年頃に多くの企業がCSRとして社会貢献活動ばかりに取り組んだため、「CSR＝社会貢献」のイメージが定着してしまった。しかし、社会貢献はCSRの一部に過ぎない。

サステナビリティ推進室奮闘記　第 3 章

　私の講義は、このような言葉に関する間違った認識などを改めることから始まり、ESG投資の話までに及ぶ。実際に受講者のアンケートを見ると「初めて知った」「認識違いをしていた」などの声が多い。

　この只見町での環境保全活動に参加できる社員数も毎年50人程度で、グループの社員数を考えると教育の徹底には程遠い。全社的に取り組める方法を考え出す必要があった。当初は、この講義を撮影してビデオ配信することも考えた。しかし、動画を延々と見せるだけでは飽きられてしまうとも考え、断念していた。

## 共同制作でコストを削減

　19年、ある企業がサステナビリティ活動をアニメーションにして配信しているのを見つけて、簡単なアニメを使った教材ができるのではないかと思いつき、アニメを制作していたシンプルショー社（simpleshow Japan、東京都港区）にESGの基礎知識を題材にできないか打診した。だが、私の講義は通常で40〜60分の長さがあり、アニメでうまく内容を凝縮しても20〜30分にもなってしまう。この尺だと大幅な予算超過になることが分かった。

　そこで、アニメの共同開発を持ち掛けた。ESGの基礎知識のため講義内容の多くは他社でも共通で使える。コンテンツの他社への販売を承諾することで価格を抑えてもらうようにした。

　制作に約3カ月を要したが、「ESGとは」「環境問題」「人権問題」「世界のESGの動向」「NRIのESG活動」の5つのパートで構成された21分のアニメが完成した。「NRIのESG活動」以外の4

199

つのパートは、サステナビリティオリジナル動画としてシンプルショー社で販売されている。

　NRIでは、このアニメを20年2月8日から配信し、2月12〜27日の期間で社内のeラーニングのシステムを使ってESG試験を実施した。試験の設問は全てアニメの内容から出題した。試験の問題は簡単すぎたり難しすぎたりしないよう、事前に自作の試験シ

■アニメを活用して馴染みやすいeラーニングに

© 2020 simpleshow Japan

ミュレーションアプリで数人に解いてもらい難易度を確認している。紙のテストでも良いのだが、気軽にゲーム感覚で解いてもらえるよう元エンジニアのスキルで対処した。

このESG試験は国内グループ社員の約8100人が受講し、受講率も過去最高の98％に達した。さらに20年4月の新人研修にも活用した。新型コロナウイルスの影響で新人研修も講義ビデオの視聴などが多い中で、アニメは関心を呼んだようだ。フィードバックには「簡潔で理解しやすかった」「ESGという概念や重要性を初めて知った」「ESGの知識をもっと深めたい」といったコメントが数多く寄せられた。

サステナビリティ教育では、まず社員にサステナビリティがどのようなものかを理解してもらうことが大事だ。内容も理解していない人に重要性を説くことはできない。アニメは短い時間で内容を伝えるツールとして優れているし、関心も持たせやすい。現在、NRIではアニメでサステナビリティに関心を持った社員に、さらに詳細な情報を提供するサステナビリティ特設サイトを構築する計画を進めている。また、アニメの英語化も進め、海外グループ社員も含めた1万3000人に配信したいと考えている。

## （18） フィランソロピー活動

# 学生小論文
# コンテストを改善

フィランソロピー活動は、
内容の改善やコストに対する意識が低くなりがちだ。
「陰徳の美」に基づく「やることに意義がある」
という考えにはリスクが潜む。

　フィランソロピー活動とは社会貢献活動のことであり、社員によるボランティア活動や寄付活動などがある。NRIでは、2004年にサステナビリティ推進室の前身のCSR推進室を設置し、フィランソロピー活動を推進してきた。現在、学生小論文コンテスト（小論文コンテスト）、キャリア教育プログラム、自然災害の被災地への寄付などを行っている。その中でも、小論文コンテストは、NRIの代表的なフィランソロピー活動である。

　企業の資産は人であり、同様に将来の社会の資産となるのは学生である。学生たちを成長に導くために、未来に向けて何をすべきかを考え、その思いを発表する場として小論文コンテストを06年に始めた。毎年、大学生と高校生から論文を募集して、社員ボランティアなどで審査し、大賞、優秀賞を決めている。

　私が16年にサステナビリティ推進室長として着任した当初、予算を見て驚いた。私はイベント開催などの経験が多少あったが、

それに比べ予想以上に費用がかかっていた。小論文コンテストは表彰式を間近に控え、大詰めを迎えていたため見直しはしなかったが、ホテルでの表彰式などには少し違和感を覚えた。

## 「やることに意義」の弊害

　小論文コンテストは4月頃に告知を開始してから論文の募集、審査を実施し、12月に表彰式を開催して、3月に論文記録集を制作するという1年に及ぶ活動だ。だが、終了後にまとめられた改善に向けての意見は、12月の表彰式の会場、食事、運営に関するものばかりだった。

　フィランソロピー活動には、踏襲ばかりで改善が行われず、コスト意識を失う危険性が潜んでいる。事業活動ならば、常に売り上げや利益の拡大が求められ、利益が出なければ継続も難しい。本社などのコストセンターでも効率化などは求められる。しかし、フィランソロピー活動には、このような改善を促す力が働きづらい。

　背景に「陰徳の美」という東洋特有の教えがある。陰徳の美とは「貢献活動をあえて社会に表現することなく、人に知られずに行うべき」という教えだ。そのため、会社の事業への寄与やブランド向上にフィランソロピー活動を役立ててはいけないという考えを持つ日本人も多い。

　だが、「やることに意義がある」という思いが強すぎると、本来の目的を見失いやすく、改善を求めなくてもよいという考えに陥ってしまうリスクがある。私が長年経験してきたシステム開発

■「NRI学生小論文コンテスト2017」の表彰式で。左は大賞を受賞した高校生

写真提供：野村総合研究所

でも、企業の問題を解決することが本来の目的であるのに、いつの間にかシステムを作ることが目的になってしまう「手段の目的化」が起きやすいが、それに似ている。

私は17年の小論文コンテストから見直しに着手した。開始してから11年間も審査方法や運営方法はほとんど変わっていなかったが、改善が必要な問題も多かった。その一部を紹介する。

まず、大学や高校に配布したチラシに申し込みサイトに誘導するQRコードがあった。スマホでスキャンしたところ、なぜか細長く表示されて見づらかった。なんと申し込みサイトがガラケー用に作られていたのだ。16年にガラケーを持っていた大学生と高校生は皆無だっただろう。

驚いてサイトを構築している取引先に問い合わせると、4～5年前からスマホとPCの両方で綺麗に表示できるレスポンシブ形式への変更を提案し続けていたが聞き入れてもらえなかったとのこと。笑い話のようだが「やることに意義がある」の弊害だ。

サステナビリティ推進室奮闘記 第 3 章

　一番気になったのはメディアへの露出だ。学生に成長の場を与えるという目的を考えると、多くの学生や両親、先生などに認知されることが重要だ。当時、新聞の地方紙などで高校生の入賞が掲載されることはあったが数は限られていた。

　メディアに注目されるには、インパクトのある内容への変更が必要だった。そこで、人気のある大学生向けのビジネスコンテストなどからヒントを得てプレゼン審査を取り入れることにした。それまでも表彰式での入賞者のスピーチはあった。それを自らアピールするプレゼン審査に変えて大賞や優秀賞を決める場とした。審査の場となれば、当然、学生の本気度は変わる。さらにメディアも招待して本気のプレゼンに感動してもらう目論見だった。

## 感動を与える場に

　実際は予想以上だった。特に高校生たちのプレゼンは個性が生かされたもので素晴らしかった。審査に参加した役員も感動のあまり口々に「小論文コンテストは継続すべき」と漏らしていた。当時、役員の中には継続を疑問視する声もあったのだが、この時を境に聞かなくなった。

　コスト構造も変えた。応募者全員に記録集を配布することを止め、ウェブサイトでの掲載と入賞者への配布にとどめて印刷費を削減し、会場もホテルから本社の大会議室に変えて会場費を抑えた。削減したお金の一部は事務のアウトソーシングや告知の費用に充てた。

　目論んだメディアへの露出は以前より改善したが、期待するほ

どにはならなかった。しかし、より多くの人に感動を与える活動になったので、本来の目的に向けて前進したと思っている。

　フィランソロピー活動は予算が確保できれば安易に実施の判断が下されることがある。しかし、一度、始めると止めることは難しい。会社にとって意義のあるべきものかを慎重に考えるべきだろう。また、フィランソロピー活動を増やせば、サステナビリティ部門は事務局の作業を請け負うことになる。請け負う限りは常に改善していかなければならない。

　「三方よし」で有名な近江商人の教えにも「陰徳善事」という陰徳の美に近い言葉がある。いにしえの近江商人の教えは、現代のサステナビリティ経営に通じるところも多く、日本人として誇りに思う。しかし、企業経営のグローバル化が進む中で「陰徳」だけでは通用せず、伝えることが重要になる場面が増えてきている。素晴らしい教えも、時代に合わせて改善していくべきだろう。

（19）SDGs対応への模索　　　　第 3 章

# WBCSDへの
# 加盟

SDGs対応企業への
第一歩としてのWBCSDに加盟。
世界企業とのコラボレーションによる
社会課題の解決を目指す。

　「持続可能な開発目標（SDGs）」を初めて知ったのは2016年頃だった。実は仕事ではなく、映画鑑賞がきっかけだった。その頃、映画館では映画の上映前にSDGsを紹介する、動物を擬人化したアニメーションが流れていた。

　そして17年頃からは、経団連がSDGsを後押しした影響などにより、国内でもSDGsという言葉が急速に広まるようになった。しかし、「サステナビリティ」や「ESG」という言葉が定着していないところへ、SDGsという言葉が急速に広まったためにサステナビリティやESGと同義語のように扱われてしまっていた。そして、企業の事業領域をSDGsの17のゴールに紐づけして統合レポートなどにロゴを掲載する企業も増えた。その行為を問題とは思わないが、それだけでSDGsに対応したとは言えないことは確かだ。

　ただ、当時はロゴを掲載していないとSDGsに賛同していない

ように見えてしまう状況に陥っていた。そのため、ためらいはあったのだが、18年からNRIでもサステナビリティブックなどでSDGsロゴを掲載することにした。

## SDG Compassとの出会い

　私はSDGs関連のセミナーなどに参加して、企業のSDGs対応の在り方を模索する中で「SDGsの企業行動指針（SDG Compass)」を知った。これは国連グローバル・コンパクト、Global Reporting Initiative（GRI)、持続可能な開発のための世界経済人会議（WBCSD)により共同で制作されたものだ。

　SDG Compassの冒頭には「企業が、いかにしてSDGsを経営戦略と融合させ、SDGsへの貢献を測定し管理していくかに関し、指針を提供することである」との目的が書かれており、それを実践するためのステップが示されている。

　私は、企業にとってSDGsへの対応は相当重いものだと感じた。SDG Compassを作成したWBCSDから情報を得たいと考え、18年に有識者ダイアログでジュネーブのWBCSD本部を訪ねた。

　WBCSDは、世界の持続可能な発展を目指すための企業の連合体である。多国籍企業など約200社が参加している。SDGsが掲げるビジネスを通じた社会課題の解決を、企業間で連携して進め、付加価値を生み出せるように支援している。

　加盟企業は、30近くあるターゲットプロジェクトの中からいくつかのプロジェクトに参画して社会課題の解決を図る。サステナビリティ関連では、温室効果ガス（GHG)プロトコルや自然

資本プロトコルなどの作成にも関与しているので、それまでも
WBCSDの名前を目にすることが多かったが、実際の活動は詳
しく知らなかった。

　WBCSDとのダイアログで特に印象に残ったのは、「SDGsの
掲げる社会課題は企業が単独で解決に導くことはできない」とい
う考えからWBCSDが企業間のコラボレーションを推奨してい
ることだった。SDGsの社会課題は世界規模でスケールが大きい。
国内にも社会課題はあるが、SDGsに対応しているという実感が
湧かなかった私は、様々な技術やノウハウを持つ企業が国際的な
コラボレーションで解決していくというWBCSDの考えに共感
した。

　そして、SDG Compassが目標を設定する手法として、現在
の事業から考える「インサイド・アウト」ではなく、社会要請か
ら考える「アウトサイド・イン」のアプローチを求めていること
に合点がいった。アウトサイド・インで設定する世界規模の目標
を企業が単独で達成できることは少ないからだ。

　SDGsは定義が広く一言で語ることは難しい。しかし、関連書
籍やセミナーなどを見聞きした結果、私は「国家間の共存（平和）
と世代間（現在と未来）の共存を目指す」ものなのではないかと
思うようになった。限りある地球を現在の人類が食い潰してしま
えば、未来に争いが起きることは容易に想像できる。それを食い
止めるのがSDGsなのだろう。

　SDGsを達成するための役割は、個人と企業で異なるし、企業
の規模によっても変わってくる。個人ならエシカル消費の実践と

■WBCSD Future of workケーススタディに掲載したNRIの事例の一部

WBCSD Future of workケーススタディに掲載したNRIの事例の一部
出所：https://futureofwork.wbcsd.org/action/

いった生活様式の変更による貢献などが求められるだろう。中小企業は地球の存続に悪影響を与えない事業運営を考えることが必要だろう。大企業ならばいわゆるCSV（共有価値の創造）の実践や他社とのコラボレーションによる社会課題の解決が求められる。

　NRIの規模を考えれば、アウトサイド・インのアプローチで目標を設定して、世界の多国籍企業などとコラボレーションし、ビジネスを通じて社会課題を解決していくのが本来のあるべき姿だろう。

## 未来の仕事のあり方を探る

その第一歩として、19年1月にWBCSDに加盟した。現在は、世界の先進企業がSDGsの達成に向けてどのような活動を進めているかの情報収集に力を入れている。20年になって、「Future of work」プロジェクトへの参画を決めた。働き方改革を含め、未来の仕事のあり方を考えるプロジェクトである。まだ始まったばかりのプロジェクトで世界のケーススタディを集めている。

NRIは長年、コンビニのシステム開発に携わっており、労働力不足が深刻なコンビニ業界で、障がい者も働けるシステムの実証実験などを行っている。それをケーススタディとして紹介した（左ページの図）。コンビニは米国が発祥だが、ビジネスモデルを確立して世界に広めたのは日本企業だ。障がい者の就労問題や高齢化による労働力不足という世界の社会課題を日本発のコンビニ事業で解決することは意義がある。

CSVについては、顧客企業との「価値共創」をテーマに独自の考え方で推進している。グループ全体に価値共創を定着させるために、19年度から様々な部署から人材を選抜して社内への浸透活動などを牽引するリーダーを育てるプログラムなどを展開している。

NRIは、SDGs対応企業としての第一歩を踏み出したに過ぎない。しかし、WBCSD加盟企業などとのコラボレーションを進めて、SDGs対応企業として胸を張れるようにしていきたい。

| （20） 生物多様性への対応 |
| :---: |

# ユニークな 保護活動に共鳴

横浜野村ビルの1階ロビーに展示している
エレファント像は、単なるアートではない。
サービス業としての生物多様性に
取り組みたいという気持ちを
この像に込めている。

　NRIが入居する横浜野村ビル（横浜市）の1階には、「エレファント像」と呼ばれるカラフルなゾウが展示されている。今回はこの像についてお話したい。

## エレファント・パレードとは

　サービス業を営む企業では、生物多様性にどう取り組むべきか悩んでいるところも多いのではないだろうか。NRIでは、生物多様性への対応としてエレファント像を購入し展示している。

　きっかけは、2014年に行った環境推進委員会（現サステナビリティ推進委員会）の海外視察でロンドンを訪問した際、ある金融機関のロビーに置かれたエレファント像を見たことだ。実は、ロンドンでは多くの金融機関がエレファント像を展示している。

　エレファント像は、絶滅にひんしているアジア象を救うために作られたものだ。タイとビルマの国境付近で子象が地雷によって

212

右前足を失い、人に保護されたことをきっかけに生まれた。

　象は巨体を支えるため、足を1本失っても生きていけない。地雷で足を失った象を生き続けさせるには、人間と同じように義足が必要になる。だが、象は常に成長して大きくなるため、毎年新しいものに取り替えなければならない。さらに3カ月に1度の義足の調整作業も必要になる。

　また、象は感受性が強く、社会性のある動物で、家族以外と一緒に狭いところで飼育すると、ストレスで死んでしまう。あの巨体からは想像がつかない、か弱い動物なのである。このか弱い動物が、戦争の負の遺産である地雷に加え、生息地の破壊、密猟などによって絶滅の危機にひんしている。

　子象を助けたオランダの活動家、マイク・スピッツ氏がアジア象を救済するNPO（非営利法人）の「エレファント・パレード」を立ち上げた。その活動はユニークだ。

　子象と同じサイズの縦170cm×横70cm×高さ150cmの像を30体以上用意する。真っ白な像をアーティストなどにペイントしてもらいショッピングセンターや駅前などの人通りの多いところに約1カ月間展示する。

　最終日にオークションを行い、得られた収益金を保護に役立てる。毎年、世界の2～4カ所の都市で、このイベントが開催されている。

　当初は、なぜこのような面倒くさいことをするのだろうと不思議に思った。保護のための寄付を募集すれば事足りると思ったからだ。

しかし、よく考えてみれば、この活動はイベントそのものがよい告知になる。人通りの多いところにエレファント像を展示すれば、多くの人々が気づく。足元のプレートに書かれた活動の目的を読めば、エレファント・パレードに興味を持つようになる。寄付を呼びかけるよりも、はるかに心に響くやり方だろう。

## 未来につながる長期的活動

NRIは、17年4月に横浜野村ビルへの入居を予定していた。当初、入居に合わせ、エレファント・パレードのイベントを日本に誘致することも検討した。だが、オークションの収益金で費用を回収できるまでの一時的なコスト負担が大きかったため断念した。その代わりに、海外で開催されるイベントで購入することにした。

そして16年12月、発祥の地であるタイのチェンマイ市で開催された10周年記念のイベントに参加してエレファント像を購入した。

通常は、最終日のオークションで落札するのだが、10周年記念で展示する像や参加企業が多いからか、参加企業が気に入ったデザインの像を事前に選定して購入するようになっていた。私は役員と相談して、横浜野村ビルのロビーのデザインに合うようなものを選んだ。

16年12月9日にオークションの代わりに開催された式典は、食事をしながら歓談する形式で、関係者が要所要所でスピーチを披露した。参加者の多くは西洋人とタイ人で、日本人は私だけだったが、自然に溶け込めた。

■横浜野村ビルの1階ロビーに展示しているカラフルなエレファント像
　（左）と「エレファント・パレード」設立のきっかけをつくった子象

　エレファント・パレードの創設者のスピッツ氏は、式典開始前まで私の隣に座り、雑談をしながら雰囲気を和ませてくれた。

　スピッツ氏のご令嬢もいて、式典開始後は事務局のタイ人女性と一緒に話し相手をしてくれた。30分ほど会話したところで、タイ人女性が「日本にいたことがあるので日本語が話せる」と言う。驚いて日本語で聞き返すと、逆に彼女が私の日本語に驚いていた。どうやら、私を同じタイ人と勘違いしていたらしい。だから、会場に自然に溶け込めたのかもしれない。

　翌12月10日は、スピッツ氏の計らいで、チェンマイ市の郊外にある保護団体が運営する象の病院を見学させてもらった。象に関する国際的なエキスパートを育成する施設でもあり、獣医や飼育員を育てて、タイに約100カ所ある保護キャンプに派遣している。ここには、エレファント・パレードのきっかけとなった子象も飼育されていた（上の写真）。

　エレファント・パレードによる収益金は、このようなエキスパ

ート育成にも使われているという。私は長期的な視点でアジア象の保護が考えられていることに感心して、帰国の途に就いた。

エレファント像は、17年4月に横浜野村ビルの1階ロビーに展示された。大きなものなので税関の通過に時間がかかるのではと心配したが、なんと国際配送のDHLで期日通りに送られてきた。小型のレプリカ2体も追加購入して、親子のような形で展示している。

サービス業を営む企業として、エレファント像の購入が最良の対応策かどうかは分からない。しかし、活動自体が告知になるエレファント・パレードは将来につながる。今も、横浜野村ビルのエレファント像は多くの人々の目に触れている。これを見た人が、エレファント・パレードに興味を持ち、参加してくれることを期待したい。

（21）　海外視察

第 3 章

# 先進企業との
# ギャップを実感

温室効果ガスの排出削減に欠かせない
データセンターの技術を各国で視察した。
欧米のサステナビリティ先進企業からは
企業の透明性や事業戦略で
多くの示唆を得た。

　NRIでは、2014〜19年の6年間で12カ国、56カ所の海外視察を行った。きっかけは、14年に環境推進委員会が発足した時の委員長だった取締役の「活動を本格化する前に、欧州の環境先進企業などを視察してはどうだろう。」という助言だった。

## 最新の空調技術を視察

　この助言を受けて、私は環境推進委員会での視察計画を練った。NRIでは、電力使用量の7割近くをデータセンターが使用している。つまり、データセンターの電力使用量を減らせば、温室効果ガスを大幅に削減することができる。その約3分の2がサーバなどのコンピュータ機器によるもので、残りの電力の多くは、それらを冷却する空調設備だ。つまり、サーバをいかに効率的に冷やすかが電力使用量の削減には重要となる。そのため、14年と15年の視察は、環境対策に先進的なデータセンターを重点的に視察した。

## ■環境推進委員会・サステナビリティ推進委員会の海外視察先

| 2014年度 | 2015年度 | 2016年度 | 2017年度 | 2018年度 | 2019年度 |
|---|---|---|---|---|---|
| 2014年8月3日〜<br>2014年8月10日 | 2015年8月2日〜<br>2015年8月9日 | 2016年6月26日〜<br>2016年7月3日 | 2017年7月31日〜<br>2017年8月4日 | 2018年7月30日〜<br>2018年8月3日 | 2019年9月16日〜<br>2019年9月20日 |
| 英国 | 英国 | 米国 | 英国 | ドイツ | フランス |
| 【London】<br>·Nomura EMEA<br>·Nomura DC<br>·ARUP HQ<br>·Stenvenage DC<br>(Fujitsu)<br>·ARM DC | 【London】<br>·Nomura EMEA<br>·Equinix LD6 DC<br>·PWC<br>·CDP<br>·Gensler HQ<br>·Level39<br>·Barclays | 【Seattle】<br>·Microsoft HQ<br><br>【Santa Clara】<br>·Intel DC<br><br>【Sacramento】<br>·Raging Wire DC<br>(CA3) | 【London】<br>·Social Stock<br>Exchange<br>·Hermes<br>Investment<br>Management<br>·AVIVA Investors<br>·Ernst&Young<br>LLP UK | 【Stuttgart】<br>·Robert Bosch HQ<br>·Robert Bosch<br>R&D Center<br><br>【Pforzheim】<br>·Hochschule<br>Pforzheim | 【Paris】<br>·Vigeo EIRIS<br>·BNP Paribas<br>Asset<br>Management<br>·Enercoop<br>·OECD |
| ベルギー | スウェーデン | 【New York】<br>·CDP North<br>America·Delos<br>·Nomura Americas | デンマーク | スイス | スウェーデン |
| 【Brugge】<br>·DCO2 DC | 【Gothenburg】<br>·Volvo HQ | | 【Copenhagen】<br>·Amager<br>Resource<br>Center<br>·Novo Nordisk | 【Geneva】<br>·JT International<br>·RobecoSAM<br>·WBCSD | 【Stockholm】<br>·Pionen DC<br>·Stockholm<br>Exergi<br>·Stockholm<br>Exergi Heat<br>recovery plants |
| オランダ | フィンランド | | | | |
| 【Amsterdam】<br>·Equinix AM3 DC | 【Helsinki】<br>·Nokia HQ<br>·Telecity Group<br>DC | | | 【Basel】<br>·Novartis本社<br>·Roche本社 | |
| ドイツ | | カナダ | エストニア | | |
| 【Heidelberg】<br>·SAP HQ<br>·SAP DC<br><br>【Aachen】<br>·Munters | 【Tampere】<br>·Tampere Hall<br>·Cybercom<br>Group DC<br>·Aiber Networks<br>DC<br><br>【Mantsalsan】<br>·Yandex DC | 【Vancouver】<br>·Wavefront<br>·CBRE<br>Vancouver | 【Tallinn】<br>·e-Estonia<br>·Garage48 | | 【Gotland】<br>·Windpower park |

2014年度〜2019年度の6年間で
12ヵ国、23都市、56ヶ所を訪問

【 】：都市名
DC：Data Center

近年、グーグルやアップルなどの米国IT大手は北欧などにデータセンターを建設している。年間を通して寒冷な地域であれば、外気などを使って冷却するフリークーリングにより空調設備で使用する電力を大幅に抑えられる。特に通信ネットワークが整備されているヘルシンキにデータセンターを建設している企業が増えている。

14年の視察では、ロンドンにある半導体メーカーの英アームのデータセンターを視察した。ここの特徴はサーバルーム内の温度だ。通常は22〜26℃に設定されている。私もエンジニア時代

218

に、時々サーバルームには入ったが、夏場でも少し肌寒いぐらいだった。

　しかし、アームのサーバルームは28〜29℃と人が作業するには不快に感じられる温度に設定されていた。複数のサーバを連結するグリッドコンピューティングを活用した半導体設計用のデータセンターで、サーバルーム内で人が長時間作業することは想定しておらず、空調効率が最も良いとされる温度を選んでいた。

　オランダのアムステルダムでは、データセンター事業者の米エクイニクスを視察した。このデータセンターの特徴は地下水を利用したフリークーリングだ。夏は地下170mにある約13℃の冷水をくみ上げ、サーバルームに冷風を送り冷却する。逆に、冬はサーバルームで暖められた温水を地下に送り込み、それを隣接するアムステルダム大学が吸い上げて暖房に利用する。これにより、年間約6万ユーロ（約750万円）の暖房費と90万tの$CO_2$の削減を実現していた。このように、データセンターで暖められた温水を地域の暖房に利用する仕組みは、15年に視察したフィンランドのヘルシンキや19年に視察したスウェーデンのストックホルムでも見受けられた。

　15年は、ヘルシンキで、2カ所のユニークなデータセンターを視察した。1つは、イスラエルの新興企業のアーバーネットワークスが建設中だった「The Cave」という洞窟の中に作られたデータセンターだった。戦時中、航空機部品の一部は組み立てに低温が必要で、この洞窟が組み立て工場として使われていたそうだ。

　もう1つは、ロシアの検索エンジン市場で60％超のシェアを持

■データセンター写真

ロシアの検索エンジン大手、ヤンデックスのデータセンターは飛行機の翼の形をしている(左)。右はスウェーデンのストックホルムで第二次世界大戦中に造られた核シェルターを利用しているピオネンデータセンターの入り口

つヤンデックスのデータセンターだった。ここでは、施設が飛行機の翼の形をしていた。飛行機が揚力を発生させる原理を使って、自然の力で冷たい外気を施設内に取り込むようになっていた。施設側面から流れる空気を下から取り込み、施設の上部に上げる。雪が多い地域のため、雪が入りやすくなるのも防いでいた。この構造で6～8%の使用エネルギーを削減していた。

　16年は、半導体メーカーの米インテルのデータセンターを視察した。古い工場の建物を利用したデータセンターで水冷式のラックに高集積なサーバを入れて高効率な冷却を実現していた。また、半導体メーカーの英アームと同様にグリッドコンピューティングのサーバルームを28℃に設定していた。半導体を熟知しているメーカーが共通して同じ温度を設定していることから考えると空調効率を考えた最適温度なのだろう。

　19年にストックホルムで視察した「ピオネンデータセンター」

は、第二次世界大戦中の1943年にストックホルムで建設された8カ所の核シェルターの一つをデータセンターに転用したもので人工的に岩盤をくりぬいて作られている。冷戦の終結後の2006年から、これらの核シェルターの転用が始まった。8ヶ所の核シェルターには異なる花の名前が付けられていて、ピオネンは、その一つだった。入り口の分厚い鋼鉄の扉が冷戦時代を感じさせる。

この6年間の視察で、世界に様々なデータセンターがあることに驚いた。欧州の寒冷な気候を利用したデータセンターなどは、国内での適用は難しいかもしれない。

しかし、気候変動問題が注目される中、グーグル、アップル、マイクロソフトなどの米国IT大手は、データセンターの技術を重要視しており、他社の視察等は許していない。マイクロソフトでは海中データセンターの実験も始めている。しかし、欧米の様々なデータセンターを視察することで、その技術などを垣間見ることは可能であり、IT企業にとって重要であると考える。

## 企業の透明性に驚く

海外視察には、欧米の様々なサステナビリティ先進企業も組み入れた。14年に訪問したのは、野村證券の欧州中東アフリカ本社（Nomura EMEA本社）だった。当時は、環境格付け機関のCDPを知ったばかりで、環境マネジメントシステム（EMS）の導入なども含めて環境対応に悩んでいた。そのため、野村ホールディンググループ（野村グループ）の中で、最も環境対策が進んでいるNomura EMEA本社の視察は必須と考えていた。

そのため、14年8月4日の約6時間をNomura EMEA本社の視察に費やした。午前はNomura EMEA本社の環境担当へのヒアリングを行い、午後はオフィス内の施設を視察した。

野村グループでは、Nomura EMEA本社にだけ、国際標準のEMSのISO14001が導入されていて、他の拠点では独自のEMSが導入されている。NRIでは、データセンターにはISO14001が導入されていたが、オフィスにEMSは導入されていなかった。そのため、私は、オフィスにISO14001を導入すべきか、独自のEMSを導入すべきか悩んでいた。彼らに「どちらをオフィスにも導入すべきか」と尋ねたところ、「国際標準のISO14001は国際情勢によって規定も変わっていくので状況把握のために少なくとも一拠点は取得しておくべきだが、全ての拠点に入れる必要はない」というのが彼らの見解だった。これが、NRIでオフィスに独自のEMSを入れるきっかけとなった。

EMS運用時の苦労話も聞いた。英国では環境関連の法令や条例がたくさんあり、改定内容などを把握するだけでも大変らしい。国内でも省エネ法、温対法、廃掃法、フロン排出抑制法など、多くの法令がある。法令改定をウォッチする重要性も認識した。環境データの収集もシステムを使ってグローバルに行われていたことにも驚いた。

午後のオフィス内の視察も驚きの連続だった。多くの省エネ設備やLED照明が配備されていた。自転車通勤が奨励されていて大規模な自転車専用駐車場もあった。屋上には、太陽光パネルが敷き詰められ、周りにはPM2.5などの微粒子を吸い込む「シー

ダム」（Sedum）という植物が植えられていた。また、生物多様性対応としてミツバチの飼育も行われていた。

さらに14年は、独SAPを訪問した。環境だけでなく社会・ガバナンスの非財務情報全般の情報開示がシステマチックに行われており、財務情報と非財務情報の関連性まで示していた。特に驚いたのは、国内では考えられないようなネガティブ情報も隠さず開示する姿勢だった。国際基準では企業に高い透明性が求められることを実感した。

15年には、スウェーデンのボルボとフィンランドのノキアを訪問した。

ボルボで、視察団を迎え入れてくれたのは、環境部門の担当役員1人だった。私が「社員の方々はどうされたのですか」と尋ねると、「今日は祝日なので私だけ出勤しました」と笑顔で答えた。祝日と気づかずアポ取りしたことを謝罪すると同時に、部下を気遣う担当役員の優しさに感銘を受けた。

ボルボは安全な自動車というイメージが強いが、バス、トラックなどの商用車の売り上げが8割を占め、商用車の電動化などを進めている。サステナビリティ戦略を尋ねると、「当社にサステナビリティ戦略はない、事業戦略がサステナビリティだ」と回答したことが、とても印象に残っている。同社は「安全性」「品質」に加えて、「環境」というブランド価値で訴求している。

ノキアも、サステナビリティを事業戦略の中核に据えていた。ノキアは、環境責任は制約というよりも新しい機会と捉え、厳しい環境施策に取り組んでいた。特にEMSは、自社だけでなく、

223

サプライチェーン全体にまでISO14001の取得を義務付けていた。

　SAP、ボルボ、ノキアでは、共通して社員に対するインセンティブ・プログラムが充実していた。会社によって多少内容は異なるが、通勤用の電気自動車のリース料の半額を負担する制度やサステナビリティ活動に関する表彰制度、給与へ反映する仕組みなどがあった。事業戦略に組み込むだけでなく、社員の意識を醸成する仕組みも必要なのだろう。

　16年には、米マイクロソフトの本社を訪問した。私が「カーボンニュートラル（$CO_2$排出量実質ゼロ）を目標に掲げられていますね」と尋ねると、サステナビリティ担当者は「もう実現していますから目標ではありません」と答えた。09年にインターナルカーボンプライス（社内の排出枠取引）が導入し、16年にはカーボンニュートラルを実現していた。

　17年には、デンマークのノボノルディスクを訪問した。糖尿病薬のインスリンなどを扱うグローバル製薬企業である。有名なESG株式指数のDJSI Worldに20年近く連続で選定されるなど、多くのESG評価機関から高い評価を得ていて、かつROE（自己資本利益率）も高い企業として有名である。基本方針にトリプルボトムラインを掲げ、サステナビリティを事業の中核に据えつつ、高い利益を出し続けている企業である。興味深かったのは事業方針をサステナビリティに転換した経緯だ。製薬企業では薬害や特許関連の問題などはつきものだ。ノボノルディスクも、そういった過去の苦い経験をきっかけに方針転換がなされていた。ネルソン・マンデラ氏とも揉めたこともあったそうだ。

224

サステナビリティ推進室奮闘記　第 3 章

　6年間に及ぶ海外視察では、書ききれないぐらいの示唆があり、NRIのサステナビリティ活動を向上させたと実感している。しかし、企業に求められる透明性や事業戦略の中核にサステナビリティを据えることなどについては、海外サステナビリティ先進企業に比べるとギャップを感じる。そのギャップを常に認識していることも大事だと考えている。

**（22） サプライチェーン・マネジメント**

# パートナー企業への
# 周知が第一歩

パートナー企業のサステナビリティへの
理解を得るために毎年ダイアログを開催。
環境目標の設定や人権方針の
策定などを促す。

　2015年にドイツで開催されたG7エルマウ・サミットの「責任
あるサプライチェーン」が首脳宣言で盛り込まれたことをきっか
けに、国際社会では責任あるサプライチェーン・マネジメントを
企業に求める気運が高まっている。

　環境格付け機関のCDPは、日本企業における株式時価総額上
位500社だけにアンケートを送付している。CDPは、そのサプ
ライチェーン内に中小企業も含めた多くの日本企業が含まれると
考えている。そのため、送付先の企業には、責任あるサプライチ
ェーン・マネジメントを求めており、サプライチェーンプログラ
ムの加入なども促進している。

　ESG投資の対象に選ばれることの多い大企業に比べ、中小企
業の経営者にとってはサステナビリティが企業にもたらす影響は
認識しにくいかもしれないが、認識することが必要となる日も遠
い先ではない。

グローバルなサプライチェーンを持つ企業に対しては、国際NPOなどの監視の目が厳しくなっている。特にパーム油を扱う食品メーカーや一般消費財メーカー、衣料品を販売する企業などが監視されている。発展途上国にあるパーム油を生産する農場や衣料の縫製工場などでは、森林破壊といった環境リスクや、児童労働や強制労働といった「現代奴隷」などの人権リスクが高いと考えられているためだ。

　世界では、こうした高リスク企業と資本関係がなくても、原材料の調達や業務委託の発注元というだけで、責任を問われるようになってきている。また、製造業でも、原材料や部品の調達先となる企業で温室効果ガス排出量の抑制などの環境への配慮が求められている。

　環境や人権に配慮していない調達先や委託先の企業との取引は、トカゲの尻尾切りのように打ち切ることで解決できるものではない。国際社会はサプライチェーンの頂点に立つ企業に、取引先に改善を促したり、支援したりするような社会的責任を求めている。実際にコロナ禍で苦しい状況にある取引先を支援しているグローバル企業も存在する。つまり、サステナビリティ経営には社会課題に対する強靱なサプライチェーンが必要だ。

## ダイアログを毎年開催

　NRIでは、売り上げの約9割を占めるITサービス事業で、ソフトウエア開発のための詳細設計やプログラミング開発などを委託している。これらのパートナー企業がサプライチェーンの主な構

成メンバーだ。環境問題や現代奴隷の問題が発生することは想像しにくいが、環境リスクや人権リスクが存在しないわけではない。そのため、17年から毎年、主要なパートナー企業を集めてサステナビリティに関するダイアログを開催している。世界の環境や人権に関する動向やNRIのサステナビリティに関連する活動などを紹介し、意見を交換し合う。

　私は、発注元と発注先が取引を続けていくには、企業間の信頼関係が重要だと考えている。適正な価格で取引することは当然としても、お互いの立場を理解することが欠かせない。私が経験したシステム開発でも、苦しい状況をパートナー企業の方たちと一緒に乗り越えたことが数多くあった。その経験からパートナー企業に拙速にサステナビリティを強制することだけは避けたかった。まず、NRIが置かれている状況を理解してもらうことが大事と考え、そのためにサステナビリティに関する知識の共有を優先した。

　NRIでは以前からパートナー企業を集めた小規模な「CSR勉強会」を実施していた。サプライチェーン・マネジメントを意識したものではなかったが活用できると考えた。17年度のダイアログは、名称を「CSR勉強会」のままで開催した。急に名称を変えると誤解も招きやすいからだ。しかし、サプライチェーン・マネジメントを意識した内容にした。

　この時はScience Based Target（SBT）の基準を満たすNRIの環境目標として、取引額の7割に相当するパートナー企業に環境目標を設定してもらうことが必要だった。そのため、世界のサステナビリティの動向やNRIのサステナビリティ活動を説明して

## ■2020年度サステナビリティダイアログとアンケート集計結果

日　時：2021年1月21日（木）
　　　　PM3：00−PM4：30

開　催：Zoomミーティング

参加者：53社122名
役　員：49名（うちCEO：22名）

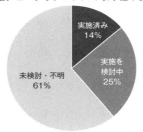

環境目標策定の重要性を説いた。

　それ以降、段階的に名称を変更している。18年度「CSRダイアログ」、19年度以降は「サステナビリティダイアログ」という名称で開催している。社内の関連部署からの協力を取り付け、毎年徐々に参加企業を増やしている。

## 将来のアクションにつなげる

　さらに、パートナー企業に対しては、役員の参加も促した。CSR勉強会では主にパートナー企業の総務部などに属する部長

職や課長職の方たちが参加していた。勉強会ならば実務に携わる担当者の参加が望ましい。しかし、NRIが置かれた状況を把握して将来のアクションにつなげるには、CEOを含めた役員にも理解してもらう必要があった。

21年2月に開催した20年度のサステナビリティダイアログは、コロナ禍のためオンライン開催となったが、取引額の7割以上を占める53社122人が参加した。役員以上が49人と4割を占め、このうちCEOが22人だった。

17年度のCSR勉強会から数えて4回目となったこのダイアログで実施したパートナー企業へのアンケート結果を見ると、環境目標に関しては20%が策定済み、50%が検討中、人権方針に関しては39%が策定済み、27%が検討中、人権デューデリジェンスに関しては14%が実施済み、25%が検討中だった（前ページの図）。まだ十分とは言えない数値ではあるが、4回のダイアログで、パートナー企業におけるサステナビリティに関する認知はかなり進んだ。

21年度からは、ESGの観点でビジネスパートナーの標準的な行動規範を策定して本格的なサプライチェーン・マネジメントに着手しようと考えている。社会課題に対する強靭なサプライチェーンの構築はこれからである。

| （23） 企業のESG情報開示 | 第 3 章 |

# 株価の
# スタビライザー

ESG投資への関心が高まる中、
ESG情報開示へのニーズは高まっている。
評価機関の立場になって作った
ESGデータブックが機能する。

## スマートなIR活動

　ESG投資への関心が高まる中、非財務情報と言われる環境・
社会・ガバナンスの情報（ESG情報）の開示へのニーズは高ま
っている。しかし、ESG情報の開示への対応に悩む企業は多い。

　NRIは、2014年頃から、従前の環境活動に加え、環境の情報
開示をはじめとして、ESG情報の開示を強化してきた。

　そして現在、NRIは国際的環境評価機関のCDPから最高位の
Ａリストを獲得、ESG株式指数として有名なDow Jones
Sustainability World Index（DJSI World）の銘柄に組み入れ
られるなど、ESG情報開示に優れた企業と言われるようにもな
った。

　次ページの図のようにESG情報開示は、株価に一定の影響を
与えていると考えられるが、自動車で例えるとスタビライザーの

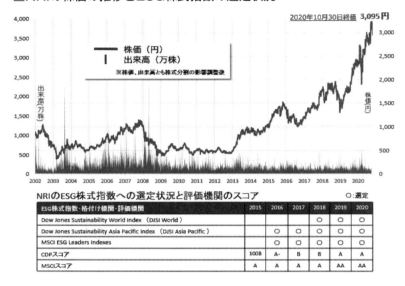

■NRIの株価の推移とESG株式指数の選定状況

ようなものだ。スタビライザーは走行を安定させるための部品で、パワーがあるエンジンを持つ自動車でも、スタビライザーがなければ、曲がりくねった道を安定的に走行することはできない。

　企業の業績が株価を上げるエンジンとするならば、ESG情報開示は株価を安定させるスタビライザーだ。NRIでは、こうしたESG情報開示を、スマートなIR活動と位置付け、評価機関や投資家などに向けて発信を強化している。

## ESG投資に関わる機関投資家と評価機関の関係

　ESG情報開示を進めるには、ESG投資がどのように行われて

## ■ESG投資に関わる機関投資家と評価機関の関係

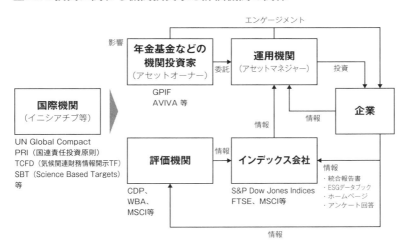

いるかを理解しておく必要がある。ESG基礎知識の章で既に触れたが、改めて説明する。

一般にESG投資は、長期的かつ安定的に資金を運用したい年金基金などの機関投資家（アセットオーナー）が運用機関（アセットマネジャー）に運用を委託して行われている。巨額の資金を持つ年金基金などが長期的に投資をすれば、企業の株価は安定する。

資金運用を委託された運用機関はESG情報などを入手して投資先を決めるが、投資先の企業からの情報だけではなく、CDPなどの国際的評価機関やインデックス会社からの情報も判断材料にする。近年、インデックス会社が提供するESG株式指数に合わせて資金運用するパッシブ運用が増えている。つまり、企業にとっては、評価機関やインデックス会社から、より高く評価され

ることが重要になる。また、評価機関の評価結果はインデックス会社も参照する。そのため、CDPのような世界的に影響力のある評価機関の評価は特に重要である。

評価機関やインデックス会社が企業のESG情報を収集する手段は様々である。企業に質問書を送り、回答を求めるところもあれば、企業のウェブサイトや報告書を参照して評価するところもある。質問書に回答する場合でも、回答の信頼性を担保するため、自社のウェブサイトなどを通じた情報開示が求められる。つまり、評価機関やインデックス会社を意識してESG情報を開示することがポイントになる。

サステナビリティを取り巻く世界情勢の変化によって質問内容が変わっていくことへの対処も必要である。質問内容は、様々なイニシアチブを含めた国際機関の動向にも影響される。例えば、金融安定理事会（FSB）の気候関連財務情報開示タスクフォース（TCFD）の提言などは、質問書の内容や評価に大きな影響を与えている。

## CDP対応と環境データの保証

NRIでは14年に環境推進室を設置し、社内横断的に環境問題対策を検討する環境推進委員会を立ち上げ、環境関連の取り組みに着手した。

国内の環境評価ランキングなどの分析や環境対応に優れた国内企業へのヒアリングを行った。さらに欧州の評価機関やサステナビリティ先進企業を視察した。積極的にサステナビリティ経営を

推進している欧州の大企業の活動を目の当たりにして、環境問題に対する国内との温度差に驚いたが、その中でCDPなどの評価機関の存在や重要性を認識した。

　15年にはCDPの質問への回答に向けて準備を始めた。外部のコンサルタントの指摘などにより、温室効果ガス（GHG）排出量を算出して第三者機関の保証を得ることが最も重要であることが分かった。

　初めてCDPの質問書を見た時は質問の多さに驚いたが、一方で採点基準が明示されていて分かりやすいとも感じた。各設問で、「このように回答すれば何点になる」という配点が明示されていた。GHG排出量を求める設問に関しては、コンサルタントの指摘通り、第三者機関の保証に高い配点が割り当てられていた。

　しかし、GHG排出量の第三者保証の取得は一朝一夕には進まなかった。保証に足るデータが整備されていなかったのだ。第三者保証ではデータの信憑性やGHGプロトコルなどの国際基準に沿って排出量が算出されていることが重要な判断基準になる。そのため、第三者が見ても、データがどのように集計され、どのようにGHG排出量を算出したかが分かる状況になっていないと、保証どころか検証さえしてもらえないのである。

　属人的でデータフォーマットもバラバラだった状況を誰にでも分かるように整理してGHG排出量算出の基となる使用電力量などのデータを収集した。そして、収集したデータを基にGHGプロトコルに沿ってGHG排出量を算出し、第三者による保証を得た。統合レポートにGHG排出量と第三者機関による保証書を掲

載して、15年に初めてCDPの質問書に回答した。

　当時のCDPのスコアは、開示とパフォーマンスの評価が分かれていたが、驚いたことに、NRIは初回にもかかわらず、開示の評価で最高点の100を獲得した。パフォーマンスの評価はBで、最高位には至らなかったが、まずまずのものだった。

　開示の評価で満点を獲得できたことから、各設問の採点基準を見て、情報開示を含めた対策を講じたCDPへの手法は、この後の評価機関への対策の基本となった。

# DJSI Worldへの挑戦

　NRIは、CDPで高評価を獲得したことが功を奏して、16年にDJSI のアジア版であるDow Jones Sustainability Asia Pacific Index（DJSI Asia Pacific）の銘柄に初選定された。それまでは、世界的に権威のあるESG株式指標DJSI Worldの銘柄に選定されることは、海外のESG先進IT企業が存在する中で、日本のIT企業には難しいと考えていた。しかし、DJSI Asia Pacificへの選定をきっかけに、NRIのDJSI World選定への挑戦がはじまった。

　DJSIの質問書はプリントすると100ページ近くあり、質問も回答も全て英語だ。答えるだけでも相当な人的リソースが必要である。質問書を見て回答を諦めてしまう企業も多いと思う。NRIも当時、環境推進室とCSR推進室が統合されてサステナビリティ推進室になっていたが、人的リソースは逼迫しており、回答は困難を極めた。しかし、グローバル標準の情報開示を目指すNRIに

とってDJSIへの回答は避けられないものだった。また、DJSIの質問書に答えることには副次的効果もあった。環境のみのCDPとは異なり、DJSIの質問はESG全般に関するもので、設問数も多かったため、網羅的に自社のESG情報開示の弱点を探れたのである。

NRIは、DJSIをはじめとする各種の評価機関・インデックス会社を意識して、統合レポートとは別に新たにESGデータブックを作り、ESG情報を開示することにした。

## ESGデータブックによる情報開示

ESGデータブックの構成はGlobal Reporting Initiative（GRI）スタンダードに準拠させた。評価機関やインデックス会社が評価の基準に採用しているため、評価機関などが求める情報を探しやすいと考えたからだ。

しかし、GRIスタンダードに開示すべき情報の詳細が記述されているわけではない。情報の粒度や表記は開示側に委ねられている。そのため、NRIでは、DJSIなどの質問書で求められている情報に粒度や表記なども、なるべく合わせて開示するようにした。

17年に初めてESGデータブックを制作したが、一度に多くの情報は集められず、DJSIが求める開示情報で重要度が高いものを優先して開示した。18年には、さらに開示する情報を増やした。そして、同年、念願のDJSI Worldの銘柄に選定された。現在は、DSJIだけでなく、他の評価機関やインデックス会社が求める情報もESGデータブックに順次、組み入れて開示項目を増

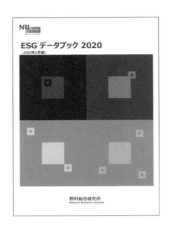

やしている。

　さらに20年からは、社会データの開示情報の6項目について、環境データと同様に第三者機関の保証を取得するようにした。社会データは、以前の環境データとは異なり、既に整備されていたのだが、証跡となるデータに人事関連の機微情報などがあり、保証プロセスでの調整などに時間を要した。

　ESG投資がより盛んになれば、ESG情報の開示も、より広範囲で、より信憑性の高いものが求められるようになる。ESG情報開示は、毎年、同じ項目を開示すれば良いというものではない。評価機関が求める情報の変化に合わせ、高度化していく必要がある。

　今後、企業のサステナビリティ部門は、サステナビリティを取り巻く世界情勢をウォッチして、開示が求められる情報をいち早く予測して経営に提言していくことが求められる。NRIにおいてもESG情報開示の挑戦は終わらない。

# 4

# サステナビリティ経営への
# ロードマップ

ここまでは、NRIのサステナビリティ推進室のこれまで
の活動についてお話してきた。

サステナビリティ部門は、企業の社会貢献活動を推進す
る役割からサステナビリティ経営を推進する役割に変わ
りつつあることを認識されたのではないだろうか。サス
テナビリティ経営がさらに進めば、サステナビリティ推
進部門の役割も拡大していくだろう。

NRIのサステナビリティ推進室も、5年いや10年先を
考えれば、役割も仕事も変わっていく。ここでは、サス
テナビリティ経営に関連して、NRIのサステナビリティ
推進室が、今後、進みたいと考えている私なりのロード
マップを紹介する。

**(1)**

# パーパスの導入・浸透

　第2章の「サステナビリティ部門の業務」でも説明したが、「パーパス」は「企業の社会的な存在意義」を意味する言葉と言われている。パーパスに似た言葉に「社是」がある。社是という言葉を辞書で調べてみると「会社が是（正しい）とするもの、社会的存在理由または基本方針を示したもの」とあり、辞書で見る限りはパーパスの意味とあまり変わりない。

　しかし、社是と聞くと歴史のある企業の会長室に額縁に入れて掲げてあるようなイメージがある。会社の創業の話を聞く時に出てくるもので、現代社会にはそぐわない感じもする。

## 「いい会社」とは？

　パーパスの話をする前に興味深い企業の話をしたい。その企業とは、長野県伊那市にある伊那食品工業（伊那食品）である。寒天の製造企業であり、寒天を材料にした食品はもとより、化粧品、医薬品なども手掛ける。国内のシェアは80％もあり、海外でも15％のシェアを持つ企業である。

　1958年の創業以来、増収増益を続けている優良企業であるが、株式上場はしておらず、上場企業の傘下にも属さない独立企業で

ある。

　この企業の社是は「いい会社をつくりましょう～たくましくそして　やさしく～」である。この社是を聞いて、少し笑ってしまった人もいるのではないだろうか。伊那食品の方には申し訳ないが、私も初めて聞いた時は「クスッ」と笑ってしまった。また、胡散臭いとも思った。しかし今は、素晴らしい社是であり、素晴らしい会社だと思っている。

　あるサステナビリティ関連のセミナーで、伊那食品が「社員を一人もくびにしない会社」と紹介されていた。しかし、それは、それこそ胡散臭いし、適切な表現とは思えない。「会社の業績の悪化に伴うコスト削減のためのリストラなどはしない会社」とか「人件費を他のコストと同様に扱わない会社」とかいう表現が正しいだろう。つまり、株主資本主義の下で利益追求のためにリストラなどを行う歪んだ会社ではなく、株主資本主義の影響を受けない健全な会社というべきだ。

　伊那食品最高顧問の塚越寛氏は「会社は会社自体や経営者のために利益を上げ、発展するのではなく、会社を構成する人々や、社長を含めて社員全員の幸せのために存在すると言う考え方です。どうやったらもっと社員が楽になれるのか。どうやったらもっと快適になるのかと考え続けたことが、当社の歴史であったと思います」と著書の中で語っている。塚越会長の経営理念は、社員だけではなく、取引先や周辺地域の住民なども幸せになることをうたっている。言わば、現代版の「三方よし」を掲げ、増収増益を続けているのである。この会社を見ていると、いにしえの日本企

業も「パーパス」経営を実現していたのではないかと思える。

　では、なぜ、伊那食品のような会社が日本にはあまり存在しないのか。塚越会長の経営手腕も優れていたと思うが、この伊那食品が株式上場せず、上場企業の傘下にもない独立企業であることで株主資本主義の影響を受けなかったことが大きかったと推測している。塚越会長もそう理解していたから上場をしなかったのだと思う。

　パーパスは、株主資本主義の中では実現できなかった「三方よし」経営を、ステークホルダー資本主義の中で実現するものではないかと私は考えている。

　株主資本主義の中では、多くの上場企業が伊那食品のような経営を実現できなかった。しかし、ステークホルダー資本主義に変われば、それだけで上場企業はそのような経営を実現できるのだろうか。それは恐らく無理だろう。

　伊那食品の場合、塚越会長の考えが長年の歴史の中で多くの社員に引き継がれている。これまで、株主資本主義の下、利益追求の道を歩んできた上場企業が急に「いい会社をつくりましょう」と社是を変えても、幹部も含め社員が対応できるとは思えない。実は、この「いい会社をつくりましょう」という表現も未来のあるべき姿を表している点ではパーパスに近い。パーパスは企業としての未来のあるべき姿を示すもので、個々の社員のパーパス、つまり個々の社員が求める存在意義や未来のあるべき姿と一致するかも問われている。「いい会社」という表現は漠然としているが、経営層の行動も含めて社員に浸透しているなら問題ないだろ

う。パーパスとは、企業のパーパスと個々の社員のパーパスが一致することで、社員の生きがいを醸成して会社の発展にもつなげるものだ。私も伊那食品を訪問したことがあるが、社員が皆、明るく、いきいきと働いていた。

　伊那食品は、周辺住民も大事にする企業のため、地域での評判も高く、地域で育った若者にとっては憧れの会社だ。若い社員からは、その会社の社員であることに対する誇りのようなものさえ感じた。その誇りは大企業に就職して高い給料をもらっているというような誇りとは違う。パーパスを実践している企業で働く誇りと言えるだろう。

## ステークホルダー資本主義でのパーパス

　今、多くの企業が新型コロナウイルス感染症の拡大により業態変革を迫られている。今後、コロナウイルスだけでなく気候変動などによっても企業は業態変革を迫られる。それにはイノベーションが重要だ。伊那食品も研究開発を重要視して多額を投じている。今後、企業はイノベーションを伴う新規事業を立ち上げる必要が出てくるだろう。そのときに重要となるのが成果や目標の達成度に基づく評価制度である。

　新規事業などに関わらなかった方でも、既存顧客からの売り上げ獲得と新規顧客からの売り上げ獲得では難易度が違うことはお分かりになるだろう。一般に新規顧客を開拓して売り上げを獲得する方が難しい。同様に、既存事業を進めるよりも新規事業を立ち上げる方が難しい。さらに新規事業は成功する確率も低い。ま

た、新規事業で成果を出すには一定の期間も必要になり、長期的な視点での評価も重要となる。

　現状の評価制度の多くでは、売り上げ実績などが評価のポイントとなりやすく、業態変革の観点だけでも適しているとは言えない。これにサステナビリティの観点が加わる。従来の評価制度にサステナビリティの評価項目を加えただけでは、イノベーションは進展しないだろう。結局、評価するのは上司であり、管理職層にパーパスなどが浸透していなければ機能しないし、売り上げ実績に代わる新しい定量的な評価軸がなければ公平な評価も難しい。

　伊那食品の規模の会社ならば、経営層や管理職層にも社是が浸透しているので評価の仕組みに入れ込まなくてもイノベーションが進展する可能性は高い。しかし、1万人もの従業員をかかえるような大企業では、パーパスの導入や浸透だけでは進展するとは思えない。どのように評価するべきか分からないが、パーパス導入後は評価の仕組みも変えていくべきだろう。パーパスの導入に評価の仕組みの見直しが必須というわけではないが、売り上げ実績などをベースにした評価は変えていかなければ、長期的に企業の成長をもたらすパーパスの効果が減じてしまうだろう。

　ブラックロックのラリー・フィンクCEOが、投資先企業のCEOに「利益の最大化を超えた存在目的を持つ必要がある」と提起した書簡を送ったことを機に、パーパスは広く知られるようになった。株主資本主義では利益の最大化が企業の存在目的だったが、ステークホルダー資本主義ではパーパスが存在目的になる。評価に連動するのは当然だろう。

また、パーパスを踏まえた評価の仕組みを導入しても、評価する人たちにある程度パーパスへの理解が浸透していなければ意味がない。パーパスは、企業でSDGs対応を進める上でも重要なものと考えられている。SDGs対応は、事業の中で社会課題の解決を行う共通価値の創造（CSV）を実践することに他ならない。どのようなCSVを実践するかは、まさに企業のパーパスが重要な判断基準になる。

NRIでは、価値共創推進委員会を中心に「価値共創」の活動を推進している。NRIの価値共創は、事業を通じて社会価値を顧客と共に創造することであり、まさにB to B企業としてのCSV活動そのものである。同委員会では、価値共創をNRIグループ全体に定着させる枠組みとして、認知、共感、実践、定着の4段階のステージを考えており、2023年度には定着している状態を目指して計画を進めている。

現在は、「発信による認知促進」「対話による共感醸成」「仕組み・制度整備による定着」「組織横断の取組支援」の4本柱で施策を実施しており、2つ目の共感の段階に進みつつある。私は実践や定着の段階でパーパスを取り込むことを検討すべきではないかと考えている。特に仕組み・制度整備による定着では、評価制度にCSVを入れ込むことになる。そこでパーパスが重要な意味を持つだろう。

社員の評価にパーパスを導入する前に、経営層の評価にもパーパスを導入する必要がある。海外では、ESG関連の評価と取締役の報酬と連動させる企業は多い。国内でも、リコーが20年度

以降、取締役の賞与額をESG活動の進捗と連動させることを発表している。具体的には、自己資本利益率（ROE）にDJSI評価の取得状況に基づく係数を乗じて賞与額を算定するロジックを公表している。このような形態が最適かは分からないが、少なくとも業績だけの評価ではなく、ESGの観点を入れたことは評価すべきだろう。

　社外の有識者などを使って、サステナビリティ経営を監督する動きも出てきている。リクルートでは、取締役会の諮問機関としてサステナビリティ委員会を設置して外部の有識者らを入れて監督している。三菱商事でも経営意思決定機関の諮問機関としてサステナビリティ・CSR委員会を置き、NGOやESG投資に関する外部有識者から定期的に助言を受けている。

　サステナビリティ部門には、パーパスに沿った経営を具体的な政策に落とし込んでいく役割がある。

　他にもNRIのサステナビリティ推進室がどのようにサステナビリティ経営を後押ししていくのか、これから進めたいと考えている具体策を紹介したい。

サステナビリティ経営へのロードマップ　第4章

## (2)

# TCFDシナリオ分析の展開

　NRIは、TCFDシナリオ分析を18年度から開始した。18年度は会社全体のシナリオ分析を行い、19年度は、気候変動の影響を受けやすいデータセンター事業を対象に分析を行い、財務的インパクトを算定した。20年度は、収益部門として資産運用ソリューション事業本部とコンサルティング事業本部を対象に分析を行い、財務的インパクトを算定した。財務的インパクトの算定としては売り上げ規模で会社全体の約6分の1が完了したところだ。

　収益部門のシナリオ分析は算定モデルを作るために対象範囲を絞って実施した。そのため今後、その5倍の5年かかるわけではないが、残りの収益部門の対応には少なくとも3年はかかる。今後もサステナビリティ推進室で、TCFDのシナリオ分析を推進していかなければならない。

　NRIでは、22年度に現在の中期経営計画が終了し、23年度から新たな中期経営計画が始まる。既にシナリオ分析が完了している事業本部はこの中期経営計画にシナリオ分析結果を入れ込めるが、完了していない事業本部に関しては中期経営計画にある程度のシナリオプランニングが必要になる。サステナビリティ推進室の関与も必要になるかもしれない。

247

**(3)**

# 温室効果ガス
# 排出量ゼロの実現

　NRIは、21年2月に従来の環境目標を改定して、50年度までに
温室効果ガス排出量をゼロ、30年度までに温室効果ガス排出量
を72%削減（2013年度比）、データセンターの再生可能エネル
ギー（再エネ）比率を70%にする新しい環境目標を設定した。

## 悩ましい再エネの調達

　NRIの温室効果ガス排出量は、ほぼ電力使用によるものである。
電力使用量の7割がデータセンターによるもので、残りがオフィ
スとなっている。データセンターは自社所有であるが、オフィス
はテナントのため電力事業者との契約はビルオーナーが行ってい
る。そのため、オフィスの電気を再エネ由来のものに替えるには、
ビルオーナーに切り替えてもらう必要がある。

　既に20年度からビルオーナーへの働きかけを進めており、21
年度に東京や横浜の主要オフィスでは再エネの電力への切り替え
が予定されている。さらに他の拠点のビルオーナーにも働きかけ
て切り替えを進めることが必要となる。

　データセンターは、その利用目的の重要性や使用する莫大な電
力量などから再エネの電力に切り替えることは簡単ではないが、

サステナビリティ経営へのロードマップ　第 4 章

避けられない道である。

　NRIのデータセンターでは、多くの金融機関が利用している共同利用型サービスが稼働している。国内の証券会社の7割がこの共同利用型サービスを利用して株式注文などの業務を行っている。これらのデータセンターが障害で停止すれば、日本の金融市場にも大きな影響を与える。もちろん、停電などに備えバックアップ電源などの仕組みは万全を期している。しかし、天候に左右されて発電出力が急激に変化する太陽光発電や風力発電などの再エネの電力に対しては、データセンター担当者などの不安感はぬぐえない。

　国内では、20年4月に発送電分離が実施され、発電事業者を替えても送配電事業者が電気の品質などの信頼性を保証する仕組みが整備されている。そうは言っても、まだ、発送電分離が施行されたばかりであり、国内の再エネの供給量も多くない状況を考えると不安がぬぐえない気持ちも理解できる。

　18年に起きた北海道胆振東部地震では、火力発電の苫東厚真発電所が停止し、北海道内の広い地域でブラックアウトが発生した。この問題は、発電所の一極集中により発生したとも言われている。北海道で再エネによる発電が増えて価格競争が発生し、そのため北海道電力が価格競争力のある苫東厚真発電所からの電気供給を増やしていたからだ。その時も、再エネの電気供給量が多い北海道でさえ、再エネはブラックアウトを阻止する供給量にはならなかった。

　この問題がデータセンターでの再エネの利用を拒む直接的な理

249

由にはならないが、それでも再エネへの切り替えの段階で不安定な状況が起こることは想定される。データセンターなどの安定した電力が要求される施設では、安定した電力が調達できるかの検証は必要だろう。

データセンターが必要とする莫大な電力量に関しては、解決すべき課題も多い。NRIのデータセンターは、総量で年間約10万MWh近い電力を消費する。データセンターは、昼夜問わず電気を使用するため、季節による変化を除けば電気の使用量は比較的一定で、12MWから15MWの契約電力が必要になる。

一般に太陽光発電の設備利用率は20％以下、風力発電の設備利用率は25％以下となるため、必要となる設備容量は4～5倍近く必要になる。仮にNRIのデータセンターの電力を全て風力発電で賄うには48MWから60MWの容量の発電設備が必要になるわけだ。かなり大規模な発電設備になり、データセンター内に設置することはできない。再エネ発電施設を自社敷地内に造って電力を調達するオンサイトPPA（Power Purchase Agreement：電力購入契約）という手段は考えられなくなる。

そのため、データセンターで再エネ電力を調達する手段としては、コーポレートPPAが有力だ。コーポレートPPAは、法人が発電事業者から再エネ電力を長期に購入する契約で、IT企業の米アップルや米グーグルなどが使っている。

しかし、日本では、大規模な再エネ電力の発電施設は限られ、48MW～60MWの発電施設を見つけることは容易ではない。さらに系統接続の問題と呼ばれる送電線の容量不足の問題もある。

これだけの規模の発電施設になるとデータセンターがある首都圏内に造ることは難しく、立地場所は地方となる。そこからデータセンターまで送る送電線の容量も不足している。これもコネクト＆マネージと呼ばれる手法などで解決が図られようとしているが、実現はまだ先になる。

　データセンターは、電圧も一般家庭のものとは異なる。受電電圧が2万V以上、契約電力が2000kW以上のものを特別高圧、受電電圧が6000V、契約電力が50kW以上のものを高圧、受電電圧が100Vまたは200V、契約電力が50kW未満のものを低圧と呼び、3つのタイプに分かれている。特別高圧や高圧は工場や大規模施設への電力であり、低圧は一般家庭や小規模な店舗や事務所への電力である。データセンターは特別高圧になる。

　このタイプの違いで電力単価は大きく異なる。特別高圧は使用電力量が多いため、ボリュームディスカウントが効き、電力単価は低圧などに比べ相当低めに抑えられている。再エネの電力は一般的に電力単価が高くなるため、特別高圧との差はさらに大きくなる。

　再エネ電力の調達方法としては電力証書という選択肢もある。しかし、グリーン電力証書とJクレジットと呼ばれる電力証書は、主に発電した電力を自家消費して、その環境価値を証書として販売しているため寄付金扱いになる。このような電力証書でデータセンターの電力を全て調達すると巨額の寄付金が計上されてしまうため、望ましい手段とは考えにくい。

　電力証書として適用できそうなのは非化石証書である。非化石

証書は固定価格買い取り制度（FIT）のものと、非FITのものがある。FIT非化石証書の供給量は多いが、国際基準のRE100に沿って温室効果ガス排出量の削減に適用するには、政府公認のトラッキングシステムによる発電元証明が必要になる。非FIT非化石証書にはトラッキングシステムの発電元証明は必要ないが既存の水力発電のものを除くと市場での供給量は少ない。そして、非化石証書の購入は電力契約している小売業者に限られ、調達するにしても電力契約している電力会社などに依頼しなければならない。

## ファイナンスには再エネの"質"が問われる

再エネ購入のための資金の調達については、グリーンボンドやサステナビリティ・リンク・ボンドなどサステナブルファイナンスの仕組みも整備されつつあり、資金の調達手段としては色々な方法が考えられる。しかし、サステナブルファイナンスの場合、調達する再エネの発生源の"質"が求められる。特に重要なのが「追加性」と言われるものだ。

追加性とは、再エネ電力の購入により、新たな再エネ設備に対する投資を促す効果があることを意味する。例えば、以前から稼働している水力発電所の電力に追加性はないが、新たに建設された風力発電所の電力には追加性がある。サステナブルファイナンスでは、再エネ電力の供給量が拡大するように資金が使われることが望まれるのである。

そのため、新しい発電施設などにサステナビリティファイナンスで調達した資金などを使いたいのだが、大規模な再エネ発電所

の建設には、環境アセスメントから建設完了まで7〜8年かかると言われており、資金を調達しても、すぐに再エネを調達できるような投資先を見つけることが難しい。

　再エネの調達手段とその問題を色々と書き連ねてしまったが、なかなか最適なソリューションが見つからないというのが現状である。しかし、菅首相が脱炭素化を宣言し、国内で脱炭素化への動きが活発化していく中で、このような問題も解決に向かっていくだろう。その動きをウォッチして、様々な手段を検討することが重要と考えている。

　海外の動向にも注意が必要だ。欧州連合（EU）やバイデン政権に代わった米国などでは、気候変動対策が不十分な輸入品に課金する「国境環境税」の導入が検討されている。また、欧州連合では、「タクソノミー規制」の導入が検討されている。タクソノミーとは投融資に適格な「グリーンな産業・業種」を仕分けする分類体系でグリーンでない製品やサービスが規制される可能性がある。コンサルティングサービスやITサービスを展開するNRIにすぐに影響が出るとは思えないが注意は必要だ。

　21年度は、気候変動に関する政府間パネル（IPCC）の第6次報告書の発行が予定されている。その報告内容によっては、さらに脱炭素化への動きが加速するかもしれない。SBTiからも「ネットゼロ目標スタンダード」が21年度中に発表される予定で、カーボンニュートラルの定義などが明確化されようとしている。

**(4)**

# 環境マネジメントシステムの
# 導入範囲の拡大

　NRIでは、データセンターに国際基準の環境マネジメントシステムISO14001を早くから導入していた。国内の主要なオフィスについても、15年度から独自の環境マネジメントシステム「NRI-EMS」を導入し、国内グループ会社、海外グループ会社に展開している。

　19年度時点で、環境マネジメントシステムは、温室効果ガス排出量基準でNRIグループ全社の94％をカバーしている。残りは6％ではあるが、コロナ禍の状況で導入範囲を拡大できないでいる。

　環境マネジメントシステムでは監査が重要だ。NRI-EMSでは外部監査はしていないが、社外の専門家を使って内部監査を行っている。既に導入済みの拠点ならばリモート監査も可能だが、これから導入する拠点は初めに拠点の実地調査が必要となるため、リモート監査は難しい。コロナウイルスの感染が収束したところで展開していくことになるだろう。

サステナビリティ経営へのロードマップ　第 4 章

(5)

# 人権対応

　人権対応については、豪州現代奴隷法をきっかけにサステナビリティ推進室で色々と調査を進めてきた。19年度に人権方針、AI倫理ガイドラインの策定、人権報告書の発行を行い、20年度に人権方針などの社員への周知活動や海外のIT企業の実態調査などを進めた。豪州現代奴隷法に関しては、豪州のグループ会社で現代奴隷法対応ステートメントを発行した。

　環境対応と比べると、人権対応は将来のあるべき姿が見えにくい。いずれにしても、NRIグループとして人権という観点で何が問題なのかを明確にしていくことが優先事項であると考えている。

　今後は、海外拠点などを中心に本格的な人権デューデリジェンスを実施していくべきだが、コロナ禍では進めることは難しい。NRIの人権対応は環境対応に比べると進んでいないように思う。しかし、国内企業でも消費財や食品などを扱うグローバル企業を除けば、同じような状況ではないかと思っている。人権デューデリジェンスの実施やグリーバンス（苦情処理）メカニズムの構築については、パーム油の生産農家などへの対応などが多く、それらの事例を伺っても、IT事業を行うNRIとの共通点などは見いだしにくい。

むしろ、私はシステム開発現場での経験などから国内のシステム開発現場などに人権問題などが潜んでいるのではないかと危惧している。21年4月からNRIでも開発に携わるパートナー企業の方たちへの相談窓口を設ける予定である。このような窓口の創設により、NRIグループ内で発生している問題を明らかにすることが、まず重要であると考えている。

　「人権問題のない企業は世の中に存在しない。当社には人権問題はないと答える企業が一番危ない」と人権問題の専門家は指摘する。常に、この言葉を肝に銘じて人権問題に取り組みたいと考えている。

## （6）

# 情報開示の強化

　ESG投資が拡大する中で、企業の情報開示に関する動きもグローバルで活発化している。

　20年9月に、国際統合報告評議会（IIRC）、米国サステナビリティ会計基準審議会（SASB）、グローバル・レポーティング・イニシアティブ（GRI）、気候変動開示基準委員会（CDSB）、CDPが、財務情報と非財務情報が適切に関連付けられた「包括的な企業報告」の実現を目指す共同声明を発表した。

　さらに、その共同声明を受けて20年11月、IIRCとSASBは長期的な企業価値向上の報告の進展を目指し、21年中に合併し、バリュー・レポーティング財団（VRF）を設立すると発表した。

　これらの動きは、非財務報告フレームワークの乱立による混乱を解消し、非財務情報に関する開示フレームワークの標準化を目指すものである。標準化されたフレームワークは、ESG評価機関やESG機関投資家などで活用される可能性も高い。企業は、このような国際基準の開示フレームワークに追随していく必要があるだろう。そして、自社のマテリアリティ（重要課題）を特定し、事業活動を通じて社会的価値を生み出す重要性も高まる。

　NRIは、17年にネガティブインパクトの抑止の観点でマテリ

アリティを特定し、19年にポジティブインパクトの促進の観点でマテリアリティを特定した。サステナビリティ経営が進み、新しい中期経営計画が23年から始まることを踏まえ、22年にネガティブインパクトの抑止とポジティブインパクトの促進の両方の観点で、再度、見直しが必要かもしれない。

非財務情報の開示内容の強化としては、海外グループ会社も含めた連結でのダイバーシティ関連の情報を充実させる必要がある。NRIの海外グループ会社はM＆Aによるものが多く、組織構造的に複雑であり、また、ダイバーシティ関連の情報は人事情報とも密接に絡むため、単に情報収集するだけでは進まない。しかし、女性活躍データを中心にダイバーシティ関連の情報の重要性は高まりつつある。組織構造が複雑な部分も含め解決していかなければならない。

ESG評価機関では、従来のネガティブインパクト抑止の観点の情報収集だけでなく、ポジティブインパクト促進の観点での情報収集に拡大する動きが見られる。例えば、人材開発という観点では、トレーニングや研修による業績向上への効果や人材分析の内容などが求められるようになってきている。このような情報を開示するための仕組みの検討を担当部門などと協議していく必要も出てくるだろう。

## 非財務情報に関する顧客からの問い合わせ増加

非財務情報の開示が進む中で、私が心配しているのは顧客企業からの問い合わせである。外資企業などがコンペに参加する企業

に対して非財務情報に関する情報の提示を求めることが増えていて、事業部門からサステナビリティ推進室に回答の要請が来る。アンケート形式でESGの観点の質問に回答するものだが、現場の部署で答えられるようなものではなく、ある程度の専門性が求められるため、サステナビリティ推進室で回答している。

　今は年間10件にも満たないが、将来は顧客企業の多くから問われるようになるだろう。そうなれば、サステナビリティ推進室だけでは到底対応できない。そのためにAIなどを駆使して顧客企業からの質問に事業部門が回答できるチャットボットのようなものが必要になると思っている。現在、社内でそのような仕組みができないか検討中である。

## (7)

# サプライチェーン・マネジメント

NRIは、21年4月から、パートナー企業向けに「ビジネスパートナー行動規範」を配布し、パートナー企業にその行動規範を守ってもらう活動を開始した。

このビジネスパートナー行動規範は、ESGの観点でビジネスパートナーの標準的な行動規範を策定したもので、NRIの調達部門が中心となって進めている。NRIもサプライチェーン・マネジメントの第一歩を踏み出したと言えるだろう。

サステナビリティ推進室も、21年からCDPのサプライチェーンプログラムに加盟して、パートナー企業から環境関連情報を取得しようとしている。21年度はCDPの気候変動のプログラムに加盟している企業のみが対象となる予定だが、いずれは全パートナーを対象にしたいと考えている。

世界には、エコバディス（EcoVadis）やセデックス（Sedex）などサプライチェーン向けの情報収集プラットフォームサービスを展開する組織がある。NRIの調達部門でもそのような情報収集プラットフォームの導入の検討を進めている。しかし、どのプラットフォームがデファクトになるかは分からない。開示フレームワークの標準化も含めて見極めていく必要があるだろう。

サステナビリティ経営へのロードマップ　第 **4** 章

## (8)

# 社員への
# サステナビリティ教育

　NRIでは、社員向けのサステナビリティ教育のために、イントラネットにESGに関する情報を集約したサイトを構築するとともに、アニメーションを使ったESG動画も制作した。年に1回、国内グループ会社社員を対象にeラーニングによるESG試験も行っている。しかし、国内グループ会社には、イントラネットの環境にアクセスできない社員も一部存在する。現在は、テキストなどの資料を送って対応しているが、学習しやすい環境を整備することも重要である。

　海外グループ会社でも、このような環境は未整備の状況だ。コンテンツの英語化も必要だ。既にESG動画については、英語化が完了している。今後は、ESGサイトを英語化し、ESGサイトの環境やeラーニングの環境を整備していく必要がある。

261

# 5

# ESG実務のための
# 用語集

サステナビリティやESGの分野では、欧州で取り組み
が先行したために日本人には分かりにくい専門用語が多
い。この章では、実務を進める上で必要になる用語を解
説する。

# CDP

## 用語説明

　環境問題に高い関心を持つ世界の機関投資家や主要購買組織の要請に基づき、気候変動対策、水資源保護、森林保全などの環境対策に関して企業や自治体に情報開示を求め格付けするとともに、情報開示を通じて対策を促すことを主たる活動としている組織である。現在、環境問題に関して世界で最も有益な情報を提供する情報開示プラットフォームの1つになっている。2000年に「カーボン・ディスクロージャー・プロジェクト（Carbon Disclosure Project）」としてスタートし、13年に組織名をCDPにした。

　CDPは「気候変動」「水セキュリティ」「フォレスト（森林）」の3分野で毎年リポートを発行している。質問書に回答した企業に対し、最高位の「A」から「A-」「B」「B-」「C」「C-」「D」「D-」の8段階で評価する（無回答は「F」になる）。

## [NRI関連情報]

　最高評価の「CDP気候変動 Aリスト」に2019年、20年と2年連続で認定。

---

# DJSI

## 用語説明

　Dow Jones Sustainability Indicesの略。米S＆P Dow Jones Indices（現S＆Pグローバル）とスイスのRobecoSAMが共同開発した世界初のESG株式指標で、経済・環境・社会面の評価に基づき、持続可能性に優れた企業が構成銘柄として選定される。世界の時価総額上位2500社が評価対象となる「DJSI World（Dow Jones Sustainability World Index）」のほか、アジア・太平洋地域の時価総額上位600社が評価対象となる「DJSI Asia Pacific（Dow Jones Sustainability Asia Pacific Index）」などがある。

## [NRI関連情報]

　2018年9月から3年連続でDJSI Worldの構成銘柄に選定、16年9月から5年連続でDJSI Asia Pacificの構成銘柄に選定。

# CSV（共通価値の創造）

## 用語説明

Creating Shared Valueの略。社会課題の解決と、企業の利益や競争力の向上を両立させて社会と企業の双方に価値を生み出すという概念。2011年に経済学者で有名な米ハーバード大学のマイケル・E・ポーター教授らが競争戦略上の概念として発表した。社会価値を企業の戦略の中心に捉え、社会価値と経済価値を企業の事業活動によって結びつけることが企業の成功につながるという考え方に基づく概念である。ポーター教授は、寄付などのフィランソロピー（社会貢献活動）では、大きな社会価値や社会変革を起こすことができないという問題意識からこの概念を提唱したと言われている。

### ［NRI関連情報］

2017年度にサステナビリティ推進委員会の中に社会価値創造推進部会を設置。18年度に社会価値創造推進委員会を設置して、NRIらしい3つの社会価値を定義。

# FTSE Russell

## 用語説明

株価指数の算出・管理や関連する金融データの提供サービスを行う企業で、正式名はFTSE International。「FTSE Russell（フィッチ・ラッセル）」の商標ブランドで事業展開している。FTSE Russellは、ロンドン証券取引所グループの情報サービス部門に属し、株式や債券など多くの資産クラスのグローバルなインデックスのほか、さまざまなスタイル、ストラテジーのインデックス、ESGや気候変動データを用いた各種ESGインデックスを算出するとともに、ESGレーティングなどのデータ、業種分類（ICB）、銘柄コード（SEDOL）、分析ツールなど、機関投資家向けに様々な情報、分析サービスを提供している。
FTSE Russellの「FTSE4Good（フィッチ・フォー・グッド）」は世界主要企業約3000社を対象とするESG株式指数。

### ［NRI関連情報］

2006年から15年連続でFTSE4Goodの構成銘柄に選定。

# GRI

### 用語説明

　Global Reporting Initiative（グローバル・レポーティング・イニシアチブ）の略。サステナビリティレポート（持続可能性報告書）の国際的なガイドラインを制定する、オランダに本拠を置く組織。

　GRIの特徴の1つは、様々な利害関係者（ステークホルダー）の視点を重要視するマルチステークホルダープロセスをとることである。2000年に最初のガイドラインを発表して以降、何度か改訂し、11年に「G3.1」、13年に「G4」、16年に「GRIスタンダード」を発表した。

　GRIのガイドラインは、経済・社会・環境の「トリプルボトムライン」に対する企業の取り組みを報告書に盛り込むことを求める。経済面は経済的パフォーマンスなど、環境面では原材料、エネルギー、水、生物多様性など、社会面では労働慣行や人権、地域社会との関係などに着目するように求めている。GRIスタンダードではマテリアリティの原則に高い比重を置いている。

### [NRI関連情報]

　2017年度にGRIガイドライン第4版などの国際基準・ガイドラインをベースにマテリアリティを特定。

---

# IEA

### 用語説明

　1974年に設立されたエネルギーの安全保障を目的とした組織で、正式名称はInternational Energy Agency（国際エネルギー機関）。36カ国が加盟している。エネルギーに関する国家間協力を促進するとともに、エネルギーに関する長期的な見通しなどを分析したレポートを発行している。「2℃シナリオ」として国際的にも認知されている「Sustainable Development Scenario（SDS）」など複数のシナリオを公表している。

　73年の第1次石油危機を契機に、アメリカのキッシンジャー国務長官の提唱のもと、74年に加盟国の石油供給危機回避（安定したエネルギー需給構造を確立すること）を目的に設立された。やがて、エネルギー市場の変化に伴いその役割も変化した。

### [NRI関連情報]

　統合レポート2020に掲載しているTCFDシナリオ分析の2℃未満シナリオでSDSを採用。

# IIRC
**用語説明**

International Integrated Reporting Council（国際統合報告評議会）の略。企業に財務情報と非財務情報の両方を統合的に公開する「統合報告」という情報公開のフレームワークを開発・推進する国際的組織である。2010年7月に、英チャールズ皇太子が設立した「A4S（持続可能な会計プロジェクト）」とGRIが共同で創設した。国際的に合意されたサステナビリティ報告フレームワークを構築することで、企業が財務、環境、社会、ガバナンスの情報を、明瞭かつ簡潔で、一貫した形で提供できるようになることを目指している。

21年中に、米SASB（サステナビリティ会計基準審議会）と合併して、バリュー・レポーティング財団（Value Reporting Foundation）を設立する予定。

**[NRI関連情報]**

2014年の統合レポートの発行以来、IIRCの国際統合報告フレームワークを参考にしている。

---

# IPCC
**用語説明**

Intergovernmental Panel on Climate Change（気候変動に関する政府間パネル）の略。気候変動に対する科学的な評価や、政策判断に科学的な基礎を与えることを目的に、1988年に国連環境計画と世界気象機関により設立された。5～7年ごとに気候変動に関する科学的知見の評価を行い、「IPCC評価報告書」を公表している。2014年の「第5次報告書」では、2℃前後の気温上昇を想定した「RCP2.6シナリオ」から、4℃前後の上昇を想定した「RCP8.5シナリオ」まで4つのシナリオを提示している。

パリ協定が採択されたCOP21では、1.5℃の温暖化による影響などについて盛り込んだ特別報告書の提供が気候変動に関する政府間パネルに対して要請された。同パネルは承諾し、18年10月8日に「1.5℃特別報告書（SR1.5）」を発表した。

**[NRI関連情報]**

統合レポート2020に掲載しているTCFDシナリオ分析の「2℃未満シナリオ」で「RCP2.6」と「SR1.5」を採用。

# LGBTQ+
### 用語説明

　Lesbian, Gay, Bisexual, Transgender, and Questioning or Queerの略。レズビアン（女性同性愛者）、ゲイ（男性同性愛者）、バイセクシュアル（両性愛者）、トランスジェンダー（性別越境者）、クエスチョニング、クィアの頭文字を取ったものでセクシュアルマイノリティ（性的少数者）の総称である。クエスチョニングとは自身の性自認や性的指向が定まっていない状態にある人やあえて決めない人を指す。セクシュアリティとは元来流動的なもので変化することもあると考えられている。そのようなセクシュアリティの転換期もまた「クエスチョニング」と呼ぶ。クィアとは性的マイノリティを包括してとらえる言葉。かつては侮蔑的な言葉として用いられていたが、現在では、多様なマイノリティをつなぐ語として肯定的に用いられている。インターセックス（性分化疾患）を加えてLGBTIQという場合もある。

### [NRI関連情報]

　2019年2月にビジネスと人権に関する指導原則に則って「人権方針」を策定、公表。20年3月に人権に関する活動をまとめた「人権報告書」を公表。

# MSCI
### 用語説明

　Morgan Stanley Capital Internationalの略。株価指数の算出や、ポートフォリオ分析など幅広いサービスを提供している。
　MSCIが提供するMSCI ESGリサーチは、世界中の数千社の環境・社会・ガバナンスに関連する企業の業務について、詳細な調査、格付け、分析を提供しており、多くの機関投資家が利用している。
　MSCI ESGリサーチに基づくMSCI ESG格付けは、機関投資家がESG（環境・社会・ガバナンス）のリスクと機会を特定するのに役立つように設計されている。企業は、業界固有のESGリスクに対するエクスポージャーと、同業他社と比較した当該リスクに対する管理能力に応じて、「AAA」から「CCC」の尺度で格付けされる。

### [NRI関連情報]

　2016年6月からESG株式指数のMSCI ACWI ESG Leaders Indexの構成銘柄に5年連続で採用。MSCI格付けで、19年よりAAを2年連続で取得

ESG実務のための用語集　第 5 章

# PRI
**用語説明**

　Principles for Responsible Investment（国連責任投資原則）の略。国連環境計画（UNEP）の金融イニシアティブ（UNEP FI）と国連グローバル・コンパクトのパートナーシップによる宣言であり、署名機関を束ねる組織。2006年、アナン国連事務総長の金融業界への提唱により設立された。6つの原則で構成され、投資プロセスにESGの観点を組み込むこ

> **PRI（国連責任投資原則）にある6つの原則**
> ①ESG課題を投資分析と意思決定プロセスに組み込みます。
> ②アクティブな資産運用保有者として、保有方針と実践にESG課題を組み込みます。
> ③投資対象の事業体にESG課題の適切な開示を求めます。
> ④投資運用業界が当原則を受け入れ実行するよう働き掛けます。
> ⑤当原則を実践する効果を高めるために協働します。
> ⑥当原則に関する自らの実施活動や進捗状況を報告します。

とが提唱されている。多くの機関投資家がこの原則に賛同し、署名した。署名を求めたことで、誰がESG投資をしているかが明らかになり、ESG投資という投資行動の存在が意識されるようになった。

　日本では、GPIF（年金積立金管理運用独立行政法人）が15年9月に署名、17年からESG株式指数を選定している。

**[NRI関連情報]**

　GPIFが選定した全てのESG株式指数の構成銘柄に選定。

# RE100
**用語説明**

　Renewable Electricity（再生可能エネルギー）100%の略で、国際NGOであるThe Climate Group（ザ・クライメートグループ）が、CDPとのパートナーシップの下で運営する国際イニシアチブ。加盟した企業は2050年までに事業活動で消費する電力を100%再生可能エネルギーにする目標を宣言し、公表する。ただ、RE100には電力消費量が年間100GWh以上であるなどの条件があるため、日本ではそれ以外の団体も含めた「RE Action」のイニシアチブが19年にスタートしている。

　ザ・クライメートグループは、ロンドンとニューデリー、ニューヨークに拠点を有する国際NGO。地球温暖化を1.5℃以内にするための気候変動対策を推進することをミッションに掲げている。グローバル市場や政策を牽引する企業や行政機関との強固なネットワークを通じて、気候変動対策をさらに加速させる。

**[NRI関連情報]**

　2019年2月にRE100に加盟した。グローバルで165社目、日本企業では17社目。

269

# ROESG

### 用語説明

　企業の収益力を示すROE（自己資本利益率）と、企業の社会性を示すESGの両面から企業を評価する指標である。投資の世界において、ESGが大きな要因を占めるようになったが、これまでの指標であるROEなどの収益力も重要である。ROESGは、この両方の視点から投資価値を判断している。一橋大学特任教授の伊藤邦雄氏が提唱して研究を進めている。

　ESGスコアは、ESG評価機関5社（アラベスク、サステイナリティクス、FTSE、MSCI、S&Pグローバル）の上位10%の企業を満点（1点）として10%ごとに0.1点ずつ減らし5社の点数を平均した。上位には最大3割のプレミアムを乗せ、最高点を1.3とした。QUICK・ファクトセットのデータからROEの3期平均を算出し、ESGスコアと掛け合わせた。

# SASB

### 用語説明

　Sustainability Accounting Standards Board（サステナビリティ会計基準審議会）の略。企業がESGの非財務情報を財務報告書に記載するための開示基準の開発・普及を推進している組織である。

　米国内の投資家・金融機関・助成団体・環境団体などにより、非財務情報の情報開示の制度化を目的として2011年に設立された。SASBが作成した開示基準は、各企業の情報開示項目を標準化して、企業情報を比較しやすいようにしている。具体的には、環境、社会資本、人的資本、ビジネスモデル及びイノベーション、リーダーシップ、ガバナンスの5つの視点に基づき、業務ごとに重要とされる開示項目を定義している。SASBは、「サスビ」「サズビ」「サスビー」「サズビー」などと呼ばれる。

[NRI関連情報]

　2017年にGRIガイドライン第4版、SASBなどの国際基準・ガイドラインをベースにマテリアリティを改定。

ESG実務のための用語集　第 5 章

# SBTi
**用語説明**

Science Based Targets initiative（科学に整合する削減目標イニシアチブ）の略。産業革命前からの気温上昇を2℃未満に抑えるため、企業による科学的根拠に基づいた温室効果ガスの排出削減目標達成を推進することを目的として、気候変動対策に関する情報開示を推進する機関投資家の連合体であるCDP、国連グローバル・コンパクト（UNGC）、世界資源研究所（WRI）、世界自然保護基金（WWF）の4団体により設立された。

[NRI関連情報]

2016年2月にSBTに賛同。18年6月に2℃目標の認定を取得（世界で132社目、日本企業として29社目）。21年2月に1.5℃目標の認定を取得（世界で306社目、日本企業で21社目）

# SDGs
**用語説明**

Sustainable Development Goals（持続可能な開発目標）の略。2015年9月、「持続可能な開発サミット」で、国連加盟国は「持続可能な開発のための2020アジェンダ」を採択。その中で提示された16年から30年までに達成すべき目標を指す。

SDGsには、持続可能な世界を実現するための17のゴールと169のターゲットが示されている。SDGsには、00年から15年までの「ミレニアム開発目標（Millennium Development Goals：MDGs）」が達成できなかった課題を引き継いだのみならず、経済成長、社会的包摂、環境保護といった相互に関連する諸課題を含んでおり、総合的な対策を必要とする。MDGsが開発途上国のみにおける対策を意図していたのに対してSDGsは途上国・先進国を問わず全ての国を対象としている。

271

# TCFD
**用 語 説 明**

Task Force on Climate-related Financial Disclosures（気候関連財務情報開示タスクフォース）の略。G20財務相・中央銀行総裁会議からの要請を受けた金融安定理事会（FSB）が設立し、企業に対して、シナリオ分析による気候変動の財務的影響など、投資家が適切な投資判断を行うための気候関連の情報開示を要請している。

2017年6月29日に最終提言を公表。最終提言では、企業に対して、気候変動がもたらす「リスク」及び「機会」の財務的影響を把握し、年次の主要な報告書（有価証券報告書など）において、開示するように求めている。

[NRI関連情報]

2018年7月に、TCFD最終提言の支持を表明。19年から統合レポートにTCFDシナリオ分析結果を掲載している。

---

# UNGC
**用 語 説 明**

UNGC（The United Nations Global Compact：国連グローバル・コンパクト）は、持続可能な成長を目指す企業や団体のイニシアチブ。1999年の「世界経済フォーラム（ダボス会議）」で、当時のコフィ・アナン国連事務総長が提唱し、2000年7月に米ニューヨークの国連本部を拠点として発足した。世界各地の企業や労働組合、市民社会組織が参加する。企業のグローバル経営によって起こるようになった様々な問題を解決するため、企業が人権、労働、環境分野の10原則を守ることを目指す。10原則は、労働者の人権保護、組合結成の自由、強制労働の排除、児童労働の廃止、雇用と職業の差別撤廃など人権や労働に関するもののほか、環境配慮の促進、環境にやさしい技術の開発と普及などの環境面、賄賂や強要など様々な形の腐敗の防止などをうたっている。

[NRI関連情報]

2017年5月に国連グローバル・コンパクトに署名。

# WBCSD
### 用語説明

World Business Council for Sustainable Development（持続可能な開発のための世界経済人会議）の略。各国の経済人が集まり、持続可能な未来の実現を目指して1995年に発足した組織。スイスのジュネーブに本拠を置く。持続可能な未来の実現に向けて、リーダーシップを発揮し効果的な提言を行っている。

WBCSDは、世界各国の幅広い産業から約200社が参加するグローバルな組織で、「持続可能な開発目標（Sustainable Development Goals：SDGs）」の総本山と位置付けられている。代表的な取り組みとして、SDGsの企業行動方針（SDGs Compass）やSDGsのCEO向け解説書（CEO Guide to the SDGs）の発行などがある。

[NRI関連情報]

2019年1月にWBCSDに加盟。

# クローバック条項／マルス条項
### 用語説明

一般企業や金融機関などの経営陣から在任中の報酬を取り戻す条項。クローバック（claw back）」とは、取り戻すという意味。何らかの経営判断の誤りで損失が出た場合や経営陣が関与する不正が発覚した場合などに、該当する経営陣に対して、過去に支給した賞与を返還させたり、権利移転前の譲渡制限株式などの支給を強制的にキャンセルさせたりするもので、あらかじめ報酬関係の契約に盛りこまれる。

クローバック条項と類似した取り決めとして、マルス条項が存在する。マルス条項とは、主に中長期インセンティブについて、支給される以前の報酬を減額ないし消滅させる取り決めである。

[NRI関連情報]

過去3年以内に支給した賞与の算定の基礎にした財務諸表の数値に訂正が生じた場合、当該賞与の全部または一部の返還を請求することができるクローバック制度を2020年に導入した。また、譲渡制限付株式報酬制度において、譲渡制限付株式の付与対象者が、法令、社内規定に違反するなどの非違行為を行ったまたは違反したと取締役会が認めた場合は付与した株式の全部を無償取得することができるマルス条項を譲渡制限付株式割当契約にて定めている。

273

# 人権デューデリジェンス

### 用語説明

　人権に関連する悪影響を認識し、防止し、対処するために企業が実施すべき活動であり、人権に関する方針の策定、企業活動が人権に与える影響の評価、パフォーマンスの追跡や開示などを行うこと。

　米ハーバード大学のジョン・ラギー教授が2008年に発表した「ラギーフレームワーク」で提唱された。国連の「ビジネスと人権に関する指導原則」でも実施が求められており、そのプロセスは、実際のまたは潜在的な人権への影響を評価すること、その結論を取り入れ実行すること、それに対する反応を追跡検証すること、どのようにこの影響に対処するかについて知らせることを含むべきと記されている。

### [NRI関連情報]

　2020年3月に人権報告書を公開。豪州のグループ会社ASGは同年12月に現代奴隷法対応ステートメントを公表。

# 生物多様性

### 用語説明

　生物に関する多様性を示す概念。生物は約40億年に及ぶ進化の過程で分化し、生息場所に応じた相互関係を築いてきた。その中で全ての生物の間に違いが生まれた。生態系が有するこのような多様性を生物多様性と呼び、①種内の多様性（遺伝子の多様性）、②種間の多様性、③生態系の多様性の3つがある。

　生物多様性は、食料や薬、水源涵養機能など様々な恩恵を人間に与えてくれる。生物多様性を保全するための国際的な枠組みとして、1992年の地球サミットで生物多様性条約が採択された。「遺伝資源の利用から生ずる利益の公正かつ衡平な配分」（ABS）は生物多様性の重要課題の1つとされ、Access and Benefit-Sharingの頭文字をとってABSと呼ばれている。

### [NRI関連情報]

　2016年に大阪の施設で自然植生に配慮したヤマザクラを植樹。同年、アジア象保全のためのチャリティーアートであるエレファント像1体を購入。

# ダイバーシティ、エクイティ&インクルージョン
### 用語説明

　人々が生きていく社会は、性別の違いはもとより、国籍、出身地、年齢、障がいの有無、LGBT、価値観、信条、さらに性格、特技、能力など、異なった背景を持つ人たちによって構成されている。多様な背景を持っている人々が生きている多様性をダイバーシティという。

　インクルージョンとは、「包括」「包含」「一体性」などの意味を持つ言葉であり、ダイバーシティを意識・理解、認識し、受け入れた上で共存していく考え方である。

　エクイティ（公正）とは、全てのグループが同等の結果に到達するようにリソースを戦略的に配分すること、つまり不利な状況にいる人に多くのリソースを投入する考え方。全てのグループを同じように扱う平等（Equality）とは異なる。

[NRI関連情報]

　2020年3月に女性活躍推進に優れた上場企業として4年連続で「なでしこ銘柄」に選定。


# 特例子会社
### 用語説明

　障害者の雇用の促進等に関する法律第44条の規定により、一定の要件を満たした上で厚生労働大臣の認可を受けて、障害者雇用率の算定において親会社の一事業所と見なされる子会社。

　従業員45.5人以上を擁する会社は、そのうち障害をもつ従業員を従業員全体の2.2%以上雇用することが義務付けられているが、会社の事業主が障害者のための特別な配慮をした子会社を設立し一定の要件を満たす場合には、特例としてその子会社に雇用されている障害者を親会社や企業グループ全体で雇用されているものとして算定できる。2013年4月に企業の法定雇用率は2.0%に改定、18年4月には2.2%に改定された。

[NRI関連情報]

　2015年7月に障がい者雇用を促進するための新会社「NRIみらい株式会社」を特例子会社として設立。

275

# トリプルボトムライン

### 用語説明

　企業活動を経済面だけでなく、社会や環境に関する実績からも評価しようという考え方

　1997年、英国の環境シンクタンク、サステナビリティ社のジョン・エルキントン氏が提唱した。「ボトムライン」とは企業の財務諸表における最後の行のことで、企業活動を通して出した利益と損失の最終結果を意味する。企業活動が持続可能であるためには、経済的側面に加えて、環境的、社会的側面も同様に重要であり、企業は収支に関わる情報のほかに、人権配慮や社会貢献などの社会性、気候変動問題などの環境面にも言及すべきという考え方。GRIのガイドラインも、トリプルボトムラインの考え方に則ってまとめられている。トリプルボトムラインを実践する企業としては、デンマークの製薬会社であるノボノルディスクなどが有名である。

### [NRI関連情報]

　2017年7月、サステナビリティ推進委員会でデンマークのノボノルディスクを視察、意見交換などを実施。

---

# パーパス

### 用語説明

　サステナビリティに対する経営姿勢を明確にする過程で、その企業に受け継がれてきた創業精神や歴史を振り返り、長年にわたって自社の経営・事業を支えてきた原点でもある個々の企業の「社会における確固たる存在意義」に立ち戻ることになるが、そうした「社会における確固たる存在意義」のこと。

　ビジョンやミッションに似ているが、ミッションがより一人称での視点が強いことに対して、パーパスは「社会やコミュニティの中で、こうありたい」という第三者的な視点が加わっている。また、ビジョンやミッションが一般的に未来に向けた「方向性」を表すのに対し、パーパスは「原点」を表すことが多い。2018年に世界最大の資産管理会社ブラックロックのラリー・フィンクCEOが投資先企業のCEOに送った書簡で「企業はパーパス主導でなければ長期的な成長を持続できない」と訴えたことによりパーパスが注目されるようになった。

### [NRI関連情報]

　1965年のNRI設立時の趣旨書には「研究調査に通ずる産業経済の振興と一般社会への奉仕」と書かれてある。

## パリ協定

### 用語説明

　2015年12月に、フランスのパリで開催された「気候変動枠組み条約の第21回締約国会議（COP21）」で採択された気候変動抑制に関する国際的な協定。16年11月に発効した。

　パリ協定は、先進国に限らず途上国に対しても、自国の能力に応じて自国で定めた削減目標に取り組むことを求めている。また、目標の達成を義務付けていないが、5年に1度、世界全体で削減状況の進捗を評価することで、取り組みや目標の引き上げを促す。21世紀末までの産業革命前からの地球の気温上昇を2℃未満に抑え、1.5℃よりも抑える努力も求めた。日本は16年4月にパリ協定に署名して、30年度に13年度比で温室効果ガスを26％削減する目標に取り組んでいるが、今後は目標の引き上げが見込まれている。

### ［NRI関連情報］

　2018年2月にパリ協定の2℃目標に準拠した環境目標を策定（30年度までに13年度比で温室効果ガス55％削減など）。2021年2月に1.5度目標に準拠した環境目標に改定（30年度までに13年度比で温室効果ガス72％削減など）。

## ビジネスと人権に関する指導原則

### 用語説明

　国連人権理事会が採択した企業がビジネスを行う上での人権についての原則。多国籍企業が引き起こす人権問題を解決するために、アナン元国連事務総長は米ハーバード大学のジョン・ラギー教授を「国連事務総長特別代表」に任命し、人権問題の枠組みづくりを進めた。ラギー教授が2008年に発表したのが「ラギーフレームワーク」である。国家には人権を保護する義務があり、企業には人権を尊重する責任があり、人権侵害を受けた人は救済される仕組みがあるべきとするものである。

　ラギーフレームワークを実行する原則として11年に採択されたのが国連の「ビジネスと人権に関する指導原則」である。「ラギー原則」などと呼ばれることが多い。

### ［NRI関連情報］

　2019年2月にビジネスと人権に関する指導原則に則って「人権方針」を策定、公表。20年3月に人権に関する活動をまとめた「人権報告書」を公表。

# マテリアリティ

用語説明

　「重要性」や「重要課題」のことを指す。サステナビリティ経営における様々な課題の中で、特に企業とステークホルダー（利害関係者）の両者にとって大きな影響を及ぼすものを指す。つまり、企業が優先的に取り組むべき課題である。

　業種や業態ごとにマテリアリティが異なる。企業がサステナビリティ経営に取り組む際、企業を取り巻く多くの課題に総花的に対処するのではなく、取り組みの実効性を高めるため、自社にとってのマテリアリティが何であるかを特定すべきとの考え方が広まってきている。GRI（グローバル・レポーティング・イニシアチブ）のガイドラインでもマテリアリティが重視されている。

[NRI関連情報]

　2010年、CSR報告書に「CSRの重要性の測定」と題して、マテリアリティを開示。17年にGRIガイドライン第4版、SASBなどの国際基準・ガイドラインをベースにマテリアリティを改定、統合レポートに掲載。

# 参考文献

| | |
|---|---|
| SDGs思考<br>2030年のその先へ<br>17の目標を超えて目指す社会 | 著　者：田瀬和夫、SDGsパートナーズ<br>発行所：インプレス |
| ESG投資　－新しい資本主義のかたち | 著　者：水口　剛<br>発行所：日本経済新聞出版社 |
| サステナブルファイナンスの時代<br>－ESG/SDGsと債券市場 | 編著者：水口　剛<br>　　　　野村資本市場研究所「ESG<br>　　　　債市場の持続発展に関する<br>　　　　研究会」<br>発行所：金融財政事情研究会 |
| ESG思考<br>激変資本主義 1990-2020、<br>経営者も投資家もここまで変わった | 著　者：夫馬賢治<br>発行所：講談社 |
| データでわかる<br>2030年地球のすがた | 著　者：夫馬賢治<br>発行所：日経BP・日本経済新聞出版本部 |
| 投資家と企業のためのESG読本 | 著　者：足達　英一郎、村上　芽、<br>　　　　橋爪　麻紀子<br>発行所：日経BP |
| 再エネ市場概況レポート日本 | 著　者：高瀬　香絵、石田　雅也、<br>　　　　シャイレッシュ　テラン<br>発行所：日本気候リーダーズ・<br>　　　　パートナーシップ |
| コーポレートPPA実践ガイドブック | 執筆担当：石田　雅也<br>発行所：自然エネルギー財団 |
| コスト削減と再エネ導入を成功させる<br>最強の電力調達完全ガイド | 著　者：久保　欣也、三宅　成也、<br>　　　　山根　小雪<br>発行所：日経BP |
| 新訂　いい会社をつくりましょう | 著　者：塚越　寛<br>発　行：文屋 |

| | |
|---|---|
| ハーバード・ビジネス・レビュー [EIシリーズ]<br>働くことのパーパス | 編　者：ハーバード・ビジネス・<br>　　　　レビュー編集部<br>発　行：ダイヤモンド社 |
| DIAMOND ハーバード・ビジネス・<br>レビュー2019年3月号 | 発　行：ダイヤモンド社 |
| CSR経営戦略<br>「社会的責任」で競争力を高める | 著　者：伊吹　英子<br>発行所：東洋経済新報社 |
| 日経ESG | 発行所：日経BP |

## おわりに

　私が会社に入社して、エンジニアとして初めて関わった仕事は、投資情報システムの開発だった。機関投資家向けにコンピュータシステムを使って、株価チャートなどの投資情報を提供するシステムである。

　当時は、まさにバブル真っ盛り。私が投資情報システムの開発に関わり始めた時の日経平均株価は1万円以下だったが、翌年には2万円を超え、さらに翌々年には3万円を超えた。毎朝、システムで株価チャートが問題なく表示されているかを確認するのが、入社間もない私の日課だった。毎日、上がっていく株価に疑問を抱きつつ、同期の同僚が株で大儲けした話をするのを羨ましく聞いていた。理工系の貧乏大学生だった私は、学生時代にバイトの時間も限られ、入社後の数年間は貯えもなく、投資に充てるお金もなかった。今考えると、不幸中の幸いだったかもしれない。

　実体経済が伴わず株価だけが上がっていく、いわゆるバブル経済を肌で実感した。毎朝、何かが間違っていると感じながら株価チャートのチェックをし続け、日経平均があと少しで4万円を超えると思った時にバブル経済は崩壊した。

　バブル経済の崩壊後に、私は金融関連のシステム開発の仕事から外れ、公共関連や流通関連のシステム開発に携わり、金融関連のシステム開発の仕事に戻ることはなかった。バブル崩壊を起こした株主資本主義の金融市場に少し嫌気がさしていて金融関連の

システム開発をしたいとも思わなかった。

　そのような中、野村総合研究所（NRI）も2001年に東証一部に上場した。野村證券の子会社から独立して上場企業になった。NRIは上場後も事業拡大を続け、会社の規模も大きくなり、私が入社した頃と比べると従業員数も10倍以上になった。大企業としての制度や仕組みが整備されて、従業員にも色々と配慮できる企業になった。

　しかし、私は上場前のNRIの方が好きだったし、自分の性に合っている気がした。

　正直、上場前は滅茶苦茶なところがあった。徹夜仕事があったり、今の時代だったら確実にパワハラで訴えられる鬼軍曹のような上司がいたりした。しかし、上司からの無理難題に不満を持ちながらも、上司の仕事に対するぶれない姿勢や指示の内容に一本筋が通ったところは尊敬していたし、それが利益追求のためという感じもしなかった。外形的に見れば、パワハラかもしれないが、肉体的なストレスはともかく、精神的なストレスはなかった。

　むしろ、上場後の方が残業などは減ったが、上司に対する尊敬の気持ちは減り、精神的なストレスは増えた。ハラスメントとは、基本的に自身の利己主義を相手に押し付ける行為だと私は思う。特にパワハラは、会社の利益追求思考が引き金になるケースが多いように感じる。私も、仮に収益部門にいて会社に利益追求を強いられた場合、部下に対するパワハラをするかもしれない。

　上場が悪いとは思わないが、上場で企業は株主資本主義の影響を受けやすくなる。古くから、日本企業は、近江商人の「三方よ

し」に代表されるように、顧客や株主だけでなく、取引先や社員も含めた全てのステークホルダーを大事にする企業が多かった。しかし、欧米型の株主資本主義が浸透して日本企業の良さが失われた。私は、金融市場が悪いと言うつもりはない。むしろ金融市場が企業を変えるほどの力があると認識すべきと考える。

世界では、リーマンショックが起こり、金融市場の在り方に疑問が呈され、気候変動問題など地球の将来に影響を与える深刻な問題が顕在化して、これまでの利己主義的な金融市場は成り立たなくなってきている。

企業のサステナビリティやCSRにおいて、投資家の目ばかり気にするのは本質的ではないという人もいる。しかし、私は、全ての投資家の目を気にしているのではない。世界の将来を考え、地球の持続可能性、つまりサステナビリティを実現するために、利己主義ではなく全体主義の企業に、長期的視点で投資しようとするESG投資家の目を気にすべきだ。短期的視点での投機的な投資家の目は気にする必要はない。

企業がサステナビリティになるためには、経営が変わらなければならないし、経営を変えるためには金融の力が必要だ。

入社したての頃に金融に携わり嫌悪感を持った私が、サラリーマン人生の終盤で金融に好感を持って携わっている。矛盾しているように思えるかもしれないが、金融の力が為せる業なのだと思う。金融は、時に企業を悪魔にするし、時に企業を天使にもする。

悪魔や天使といった表現は、少しオーバーかもしれないが、今後、ESG投資が企業を良い方向に向かわせることは間違いない

と思う。その意味で、私はサラリーマン人生の終盤戦で、このような仕事に関われたことを嬉しく、誇りに思っている。

　国内においても、ESG投資は急速に広まっている。しかし、欧米諸国に比べるとその規模は小さい。しかし、これからもESG投資は確実に広まっていくだろう。上場企業は、ESG投資家に投資してもらえる企業となるべく努力していく必要がある。また、上場企業と取引のある企業も、上場企業が求めるサステナビリティ対応に対処していかなければならない。

　このような中、企業のサステナビリティ部門の重要性は確実に増していくだろう。私が、これまで行ってきたサステナビリティに関する活動が、国内企業のサステナビリティの活動の促進に役立てられ、国内のESG投資の市場の拡大に寄与できれば幸いである。

著者プロフィール

# 本田　健司 （ほんだ・けんじ）

野村総合研究所（NRI）サステナビリティ推進室室長。システムエンジニアとして証券・公共などのシステム開発に従事した後、香港に3年間駐在。2000年以降、ネット通販や携帯・スマホのカーナビアプリ開発など新規事業の立ち上げを担当した。13年5月に本社総務部に異動し、サステナビリティ活動に関わる。16年10月から現職

サステナビリティ推進室のメンバーたちと。右から3人目が著者

# イチからつくるサステナビリティ部門

2021年4月19日　第1版第1刷発行

| | |
|---|---|
| 著　者 | 本田 健司 |
| 発行者 | 酒井 耕一 |
| デザイン・制作 | 明昌堂 |
| カバーデザイン | 明昌堂 |
| 発　行 | 日経ＢＰ |
| 発　売 | 日経ＢＰマーケティング |
| | 〒105-8308　東京都港区虎ノ門4-3-12 |
| 印　刷 | 中央精版印刷株式会社 |

本書の無断複写・複製（コピー等）は著作権法上の例外を除き、禁じられています。
購入者以外の第三者による電子データ化および電子書籍化は、私的使用を含め一切認められておりません。
本書籍に関するお問い合わせ、ご連絡は下記にて承ります。
https://nkbp.jp/booksQA
©Kenji Honda 2021

ISBN978-4-296-10937-1
Printed in Japan